"十四五"职业教育国家规划教材
工业和信息化人才培养工程系列丛书
1+X 证书制度试点培训用书

Web 前端开发（初级）
（下册）

工业和信息化部教育与考试中心　主编

電子工業出版社
Publishing House of Electronics Industry
北京 · BEIJING

内 容 简 介

面向职业院校和应用型本科院校开展 1+X 证书制度试点工作是落实《国家职业教育改革实施方案》的重要内容之一，为了便于 X 证书标准融入院校学历教育，工业和信息化部教育与考试中心组织编写了《Web 前端开发（初级）》。

本教材以《Web 前端开发职业技能等级标准》（初级）为编写依据，分上、下两册，包括 Web 页面制作基础、JavaScript 程序设计、HTML5 和 CSS3 开发基础与应用、轻量级框架应用四篇，分别对应《Web 前端开发职业技能等级标准》（初级）涉及的四门核心课程："Web 页面制作基础""JavaScript 程序设计""HTML5 开发基础与应用""轻量级前端框架"。

本教材以模块化的结构组织各篇及其章节，以任务驱动的方式安排教材内容，选取静态网站设计与制作的典型应用作为教学案例。本教材可用于 1+X 证书制度试点工作中的 Web 前端开发职业技能等级证书教学和培训，也可以作为期望从事 Web 前端开发职业的应届毕业生和社会在职人员的入门级自学参考用书。

图书在版编目（CIP）数据

Web 前端开发：初级. 下册 / 工业和信息化部教育与考试中心主编. —北京：电子工业出版社，2019.8
（工业和信息化人才培养工程系列丛书）
1+X 证书制度试点培训用书

ISBN 978-7-121-36804-2

Ⅰ. ①W… Ⅱ. ①工… Ⅲ. ①网页制作工具－教材 Ⅳ. ①TP393.092.2

中国版本图书馆 CIP 数据核字（2019）第 109129 号

责任编辑：胡辛征　　特约编辑：田学清
印　　刷：三河市鑫金马印装有限公司
装　　订：三河市鑫金马印装有限公司
出版发行：电子工业出版社
　　　　　北京市海淀区万寿路 173 信箱　　邮编：100036
开　　本：787×1092　1/16　印张：14.75　字数：374.4 千字
版　　次：2019 年 8 月第 1 版
印　　次：2025 年 1 月第 20 次印刷
定　　价：49.00 元

凡所购买电子工业出版社图书有缺损问题，请向购买书店调换。若书店售缺，请与本社发行部联系，联系及邮购电话：（010）88254888，88258888。

质量投诉请发邮件至 zlts@phei.com.cn，盗版侵权举报请发邮件至 dbqq@phei.com.cn。

本书咨询联系方式：（010）88254580，zuoya@phei.com.cn。

前　言

为积极响应《国家职业教育改革实施方案》，贯彻落实《关于深化产教融合的若干意见》《国家信息化发展战略纲要》的相关要求，应对新一轮科技革命和产业变革的挑战，促进人才培养供给侧和产业需求侧结构要素全方位融合，促进教育链、人才链与产业链、创新链有机衔接，推进人力资源供给侧结构性改革，深化产教融合、校企合作，健全多元化办学体制，完善职业教育和培训体系，着力培养高素质劳动者和技术技能人才。工业和信息化部教育与考试中心依据教育部《职业技能等级标准开发指南》中的相关要求，以客观反映现阶段行业的水平和对从业人员的要求为目标，在遵循有关技术规程的基础上，以专业活动为导向，以专业技能为核心，组织企业工程师、高职和本科院校的学术带头人共同开发了《Web 前端开发职业技能等级标准》。本教材以《Web 前端开发职业技能等级标准》中的职业素养和岗位技术技能为重点培养目标，以专业技能为模块，以工作任务为驱动进行组织编写，使读者对 Web 前端开发的技术体系有更系统、更清晰的认识。

随着新一轮科技革命与信息技术革命的到来，推动了产业结构调整与经济转型升级发展新业态的出现。战略性新兴产业快速爆发式发展的同时，对新时代产业人才的培养提出了新的要求与挑战。据中国互联网络信息中心统计，截至 2018 年 12 月，我国网民规模达 8.29 亿人，手机网民规模达 8.17 亿人，网站数量达 523 万个，手机 App（移动应用程序）在架数量约为 449 万款。在“互联网+”战略的引导下，Web 前端开发人员已经成为网站开发、App 开发及人工智能终端设备界面开发的主要力量。企业增加门户网站的推广，从 PC 端到移动端，再到新显示技术、智能机器人、自动驾驶、智能穿戴设备、语言翻译、自动导航等新兴领域，全部需要运用 Web 前端开发技术。在智能制造等战略及新兴产业的高速发展中，出现了极为明显的人才短缺与发展不均衡现象。目前，软件开发行业中企业对 Web 前端开发工程师的需求量极大，全国总缺口每年大约为近百万人。

随着移动互联网技术的高速发展，网站在静态页面的基础上添加了各类桌面软件，网页不再只是承载单一的文字和图片，而是要求具备炫酷的页面交互、跨终端的适配兼容功能，使用富媒体让网页内容更加生动，从而让用户有更好的使用体验，这些都基于前端技术来实现，其中包括 HTML、CSS、HTML5、CSS3、AJAX、JavaScript、jQuery 等，使得无论是在开发难度上还是在开发方式上，都对前端开发人员提出了越来越高的要求。

本教材分上、下两册，内容包括 Web 页面制作基础、JavaScript 程序设计、HTML5 和 CSS3 开发基础与应用、轻量级框架应用 4 个篇目 14 个章节。

第一篇 Web 页面制作基础。本篇是 Web 程序设计的基础知识，包含 Web 基础常识、HTML 元素构建页面、CSS 基本样式修饰、盒子模型、网页布局等内容。其中包括第 1 章 Web 简介，第 2 章 HTML 基础，第 3 章 CSS 基础。

第二篇 JavaScript 程序设计。本篇从 JavaScript 的核心思想“找到页面节点、操作页面节点”出发，层层展开，由浅入深，详细介绍了 JavaScript 的语法基础、函数、DOM、BOM、事件等常用技术。其中包括第 4 章 JavaScript 语法基础，第 5 章 JavaScript 对象模型，第 6 章 JavaScript 事件处理。

第三篇 HTML5 和 CSS3 开发基础与应用。本篇详细剖析 HTML5 的新特性和新增元素，同时介绍了 CSS3 新特性，并分析了 CSS3 中新增的选择器、新的布局、盒模型、文本效果、边框效果、渐变效果、变形效果、动画效果等，完成 Web 开发中常见的样式。其中包括第 7 章 HTML5 简介，第 8 章 HTML5 常用元素和属性，第 9 章 HTML5 表单相关元素和属性，第 10 章 CSS3 新增选择器，第 11 章 CSS3 新增属性。

第四篇轻量级框架应用。本篇主要包括 jQuery 的选择器、标签宽高操作、标签内容操作、标签属性操作、标签事件操作、标签样式操作、节点动态操作、标签动画效果、鼠标位置获取、AJAX 等内容。其中包括第 12 章 jQuery 基础，第 13 章 jQuery 效果，第 14 章 jQuery AJAX。

本教材主要有以下几方面特色。

1. 内容全面，由浅入深

本教材依据打造初级 Web 前端工程师规划学习路径，详细介绍了 Web 前端开发中涉及的四大前端技术的内容和技巧，并重点讲解了学习过程中难以理解和掌握的知识点，降低了读者的学习难度。

2. 理论和实践相结合

每章都配有一定数量的实用案例，同时在全面、系统介绍各章知识内容的基础上，还提供了可以整合综合知识的案例。通过各种案例将理论知识和实践结合起来。

3. 图文并茂

本教材的案例代码大部分都配有相应的运行结果图，效果直观，使读者可以获得感性认识，提高学习效率。

本教材的编写与审校工作由严洁萍、陈慕菁完成，董旭依据《Web 前端开发职业技能等级标准》对全书做了内容统筹、章节结构设计和统稿。

由于编者水平有限，书中难免存在不足之处，恳请广大读者不吝赐教并提出宝贵意见，相信读者的反馈将会为未来本教材的修订提供良好的帮助。

目 录

第三篇 HTML5 和 CSS3 开发基础与应用

第四篇 轻量级框架应用

第三篇

HTML5 和 CSS3 开发基础与应用

第 7 章 HTML5 简介

学习任务

【任务 1】了解 HTML5 及主流浏览器对其的兼容性；

【任务 2】掌握 HTML5 的基本语法；

【任务 3】掌握 HTML5 和 HTML4 的区别。

学习路线

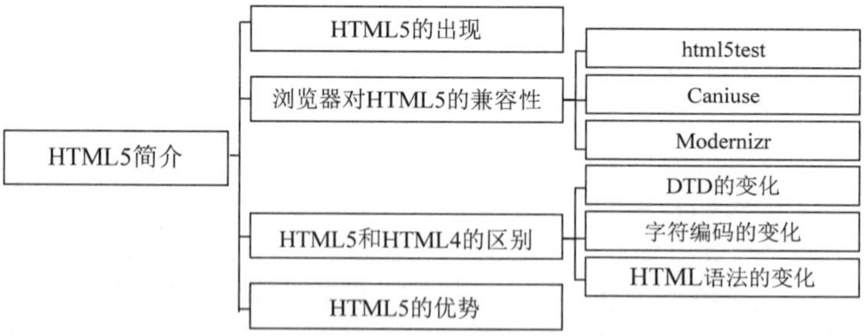

7.1 HTML5 的出现

在 HTML5 出现之前，W3C 希望用 XHTML 取代 HTML，因为当时 HTML 已经发展到一种极其混乱的程度。

XHTML 是一种更纯洁、更严格、更规范的 HTML 代码。这是因为 XHTML 要求 HTML 必须是一份 XML 文档。XML 文档是一种结构化文档，主要有 4 条基本规则。

- 在 XML 文档中有且只能有一个根元素，在 HTML 文档中仅有一对根元素 <html></html>。

- XML 文档中的元素必须由开始标签和结束标签组成，除非使用空元素语法，即单标签。

```
开始标签和结束标签示例：<html></html>
单标签示例：<br />
```

- 标签之间不得交叉使用。

```
错误写法：<a><b>hello</a></b>
<a>标签中就交叉嵌套了一个<b>标签，这种交叉使用是错误且不规范的。
但在 HTML 文档，浏览器很多时候都可以解析这种错误且不规范的写法。
正确写法：<a><b>hello</b></a>
```

- 属性值必须用" "括起来。

```
错误写法：<input type=text />
正确写法：<input type="text"/>
```

当时互联网上存在大量不规范的 HTML 文档，而且绝大部分编写 HTML 文档的程序员并没有接受过专业的训练。所以，尽管 W3C 努力使程序员编写 HTML 文档时要遵守规范，或者按照 XHTML 规范编写 HTML，但是大部分编写 HTML 语言的程序员并不理会这种号召。

既然互联网存在这些不规范页面，并且大家也不愿意改进这些 HTML 页面，所以就产生了一个新的 HTML 标准，即 HTML5。

为了促进 Web 标准运动的发展，2004 年，一些浏览器厂商，如 Opera、Mozilla 等共同成立了 Web Hypertext Application Technology Working Group，简称 WHATWG，中文名为 Web 超文本应用技术工作组。

HTML5 草案的前身为 Web Applications 1.0，是 WHATWG 于 2004 年提出的，W3C 于 2007 年接受，并成立了一个新的 HTML 工作组，目的就是将 HTML5 完善。经过几年的努力，HTML5 第一份正式草案由 WHATWG 于 2008 年 1 月 22 日公布。

- HTML 5.1 的文档地址为 https://www.w3.org/TR/2015/WD-html51-20151008/。
- HTML 5.2 的文档地址为 https://www.w3.org/TR/2017/REC-html52-20171214/。
- HTML 5.3 的文档地址为 https://www.w3.org/TR/2018/WD-html53-20181018/。

HTML5 针对大量不规范的 HTML 文档，做到了良好的兼容性，如 XML 文档的 4 条基本规则在 HTML5 中并没有很严格的要求。

- 在 HTML 文档中可以有多个根元素，即某些标签可以不写，浏览器会自动补全。
- 元素不一定有结束标签。
- 标签交叉使用没有问题，浏览器处理时会自动修正。
- 属性值不一定用引号括起来，甚至不一定有属性名。

```
不规范写法：
<!DOCTYPE html>
这里省去了 html 元素，导致根元素不唯一。
```

```
<head>
    <meta charset="utf-8">
</head>
<body>
    <img src=hello.gif alt=World>    这里属性值没有用""括起来
    <p>Hello Word!                   这里没有</p>结束标签
</body>
规范写法：
<!DOCTYPE html>
<html>
    <head>
        <meta charset="utf-8">
    </head>
    <body>
        <img src="hello.gif" alt="World">
        <p>Hello Word! </p>
    </body>
</html>
```

后面还会对 HTML5 兼容这种不规范 HTML 文档做一个比较系统的汇总。

7.2 浏览器对 HTML5 的兼容性

由于现在的浏览器厂商很多，每个厂商的浏览器版本也很多，这势必会存在浏览器对 HTML5 的兼容性，本节提供的几个网址工具在 HTML5 开发中经常会用到。

- http://html5test.com/。html5test 是一个提供浏览器对 HTML5 兼容性测试，以及与其他浏览器进行对比的网站，虽然其是一个第三方 HTML5 兼容性测试网站，但现在的主流浏览器厂商都会在该网站进行 HTML5 的兼容性测试，甚至以该网站得分为自家的浏览器做宣传。
- https://caniuse.com/。Caniuse 是一个检测浏览器对 JS、HTML5、CSS、SVG 或者其他 Web 前端相关特性支持程度的列表，可以检测的浏览器包括桌面和移动版的主流浏览器。
- https://modernizr.com/。Modernizr 可以检测当前使用的浏览器是否实现了某个 feature，它可以检测很多项 HTML5 和 CSS3 的功能，比传统检测浏览器名称的方式更加可靠。

7.3 HTML5 和 HTML4 的区别

7.3.1 DTD 的变化

DTD，即文档类型定义（Document Type Definition），是通用标记语言的一部分，主要用于定义通用标记语言可以使用的元素，以及各元素支持的属性等。

HTML 4.01、XHTML 1.0 和 HTML5 中 DTD 写法如下表所示。

HTML 4.01	严格模式	<!DOCTYPE HTML PUBLIC "-//W3C//DTD HTML 4.01//EN" "http:// www. w3.org/TR/html4/strict.dtd">
	过渡模式	<!DOCTYPE HTML PUBLIC "-//W3C//DTD HTML 4.01 Transitional //EN" "http:// www.w3.org/TR/html4/loose.dtd">
	框架集	<!DOCTYPE HTML PUBLIC "-//W3C//DTD HTML 4.01 Frameset//EN" "http://www.w3.org/TR/html4/frameset.dtd">
XHTML 1.0	严格模式	<!DOCTYPE html PUBLIC "-//W3C//DTD XHTML 1.0 Strict//EN" "http://www.w3.org/TR/xhtml1/DTD/xhtml1-strict.dtd">
	过渡模式	<!DOCTYPE html PUBLIC "-//W3C//DTD XHTML 1.0 Transitional //EN" "http://www.w3.org/TR/xhtml1/DTD/xhtml1-transitional. dtd">
	框架集	<!DOCTYPE html PUBLIC "-//W3C//DTD XHTML 1.0 Frameset//EN" "http://www.w3.org/TR/xhtml1/DTD/xhtml1- frameset.dtd">
HTML5		<!DOCTYPE html>

7.3.2 字符编码的变化

字符编码的变化如下表所示。

HTML 4.01	<meta http-equiv="content-type" content="text/html; charset=utf-8">
HTML5	与 HTML 4.0.1 的写法相同
	新增写法：<meta charset="utf-8">

7.3.3 HTML5 语法的变化

HTML5 语法的变化主要是为了兼容各种不规范的 HTML 文档，上文提到 HTML5 有时不是一个严格规范的 XML 文档，这些不规范的写法可归纳为以下几点。

- 某些元素可以省略结束标签。
  - 仅仅可以省略结束标签的元素有<p>、<li>、<dt>、<dd>、<rb>、<rt>、<rtc>、<rp>、<thead>、<tbody>、<tfoot>、<tr>、<td>、<th>、<optgroup>、<option>、<colgroup>。
  - 绝对没有结束标签的元素有<area>、<base>、
、<col>、<command>、<embed>、<hr>、<img>、<input>、<keygen>、<link>、<menuitem>、<meta>、<param>、<source>、<track>、<wbr>。
  - 可以将开始标签和结束标签一起省略的元素有<html>、<head>、<body>、<colgroup>、<tbody>。
- 属性值可以不用引号括起来。

```
<!DOCTYPE html>
<head>
   <meta charset="utf-8">
</head>
<body>
   <img src=hello.gif alt=World>
```

```
    <p>Hello Word!
</body>
```

- 标签不再区分大小写。

```
规范写法：<p>Hello World!</p>
不规范写法：<p>Hello World!</P>
```

- 某些标志性的属性可以省略属性值，通常为布尔型的。

```
规范写法：
<input type="checkbox" checked="checked">
不规范写法：
<input type="checkbox" checked="">
<input type="checkbox" checked=checked>
<input type="checkbox" checked>
```

如果完全省略这个属性，则表示该属性的属性值为 false。

在 HTML5 中允许省略的属性如下表所示。

XHTML	HTML5
checked="checked"	checked
defer="defer"	defer
disabled="disabled"	disabled
ismap="ismap"	ismap
multiple="multiple"	multiple
nohref="nohref"	nohref
noresize="noresize"	noresize
noshade="noshade"	noshade
nowarp="nowarp"	nowarp
readonly="readonly"	readonly
selected="selected"	selected

以上 4 点除了单标签元素，即没有结束标签的元素，其他的基本上可以认为是不规范的写法，建议 Web 开发者日常编写 HTML5 的代码时（虽然 HTML5 支持各种不规范的 HTML 文档）应尽量写得规范一些，这样便于其他开发者阅读和理解，以及进行扩展或者修改。

7.4 HTML5 的优势

- 解决了跨浏览器、跨平台问题。

HTML5 本身是由 W3C 推荐的，它是 Google、Apple、诺基亚、中国移动等几百家公司共同开发的技术，是一项公开的技术。这也就意味着每一个浏览器或者每一个平台都可以实现。

目前市面上 95%的浏览器都支持 HTML5，这里面同时包含移动端等设备上使用的浏览器。

对开发者来说，各浏览器可以更好地支持 HTML5，前端程序员开发 HTML+CSS+JavaScript 页面将会更加轻松。

HTML5 的优势还体现在跨平台上，开发的浏览器用的是 HTML5 页面或者游戏，可以轻松移植到其他平台，如常见的使用 HTML5 开发的手机 App。

- 使用了更明确的标签。

使用明确的标签可以使代码结构更加清晰易读。尤其在复杂的嵌套结构中，能大大优化程序员的开发体验。

```
HTML 4.01 写法:
<div>
    <div>我是此结构头部</div>
    <div>我是此结构身体</div>
    <div>我是此结构底部</div>
</div>
HTML5 写法:
<div>
    <header>我是此结构头部</header>
    <div>我是此结构身体</div>
    <footer>我是此结构底部</footer>
</div>
```

由此可知，HTML5 的代码阅读性比之前提高了很多。

- 增强了 Web 的应用程序。

以前的 HTML 考虑到安全性，很多扩展功能都需要 JavaScript 和 Flash 支持。现在有很多东西已经不需要 JavaScript 和 Flash，最直观的地方就是以前在网页上播放视频都需要使用 Flash 播放器，而现在直接使用 HTML5 就可以播放视频，使手机网页看视频成为可能。

早在 2011 年，Adobe 公司做出了一个令人惊讶的决定：停止 Android 移动设备 Flash 播放器的开发工作。Adobe 公司在 iOS 系统上从未得到机会，在 Android 系统上虽然有机会，但已经放弃了。另外，iOS 从未加入对 Flash 的支持，Android 4.4 版本就已经默认移除了对 Flash 的支持。正是这两方面的原因导致了手机网页看视频必须用到 HTML5。

7.5　本章小结

本章大体介绍了 HTML5 的历史、出现的原因，以及 HTML5 和 HTML4 之间的区别等内容。

通过回顾，可以很清晰地了解到 HTML4 规范存在的问题，从而更好地了解 HTML5 规范的优势。

本章的重点是 HTML5 和 HTML4 的区别，以及 HTML5 语法的变化。下面会详细讲述 HTML5 新增的元素、属性，以及废弃的元素、属性等相关内容。

第 8 章 HTML5 常用元素和属性

学习任务

【任务 1】了解 HTML5 保留的常用元素；

【任务 2】熟练掌握 HTML5 新增的常用元素与属性；

【任务 3】HTML5 废弃的元素与属性。

学习路线

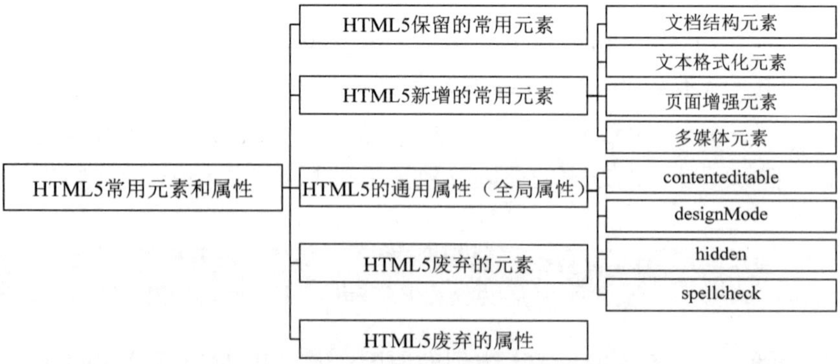

8.1 HTML5 保留的常用元素

HTML5 是在以前的 HTML 基础上发展产生的，因此，HTML5 保留了以前 HTML 绝大部分标签。本节将保留的常用元素进行系统的介绍。

8.1.1 基本元素

HTML5 保留的基本元素主要有以下几个。

- <!-- -->：用于定义 HTML 注释，之间的内容会当成注释处理，注释不会在浏览器中显示。可使用注释对代码进行解释，这样做有助于以后对代码的编辑，尤其在编写了大量代码时相当有用。
- <html>：是 HTML5 的根元素，此元素可告知浏览器其自身是一个 HTML 文档。
- <head>：用于定义 HTML5 文档的页面头部分，位于 <head> 内部的元素可以包含脚本、指引浏览器找到样式表、提供元信息等。可用在 <head> 内部的标签主要有 <base>、<link>、<meta>、<script>、<style>、<title>。
- <title>：用于定义 HTML5 文档的页面标题。
- <style>：用于定义 HTML5 文档引入的样式，该元素的 type 属性是必需的，定义 style 元素的内容，唯一可能的值是 "text/css"，具体使用可查阅 CSS。
- <meta>：用于定义 HTML5 文档的元信息（Meta-information）。
- <base>：用于定义 HTML5 文档中所有链接规定的默认地址或者默认目标。
- <body>：用于定义 HTML5 文档的页面主题部分，包含文档的所有内容，如文本、超链接、图像、表格、表单等。
- <h1>、<h2>、<h3>、<h4>、<h5>、<h6>：用于定义标题，<h1>显示的文字最大，<h6>显示的文字最小。
- <p>：用于定义段落，该元素会自动在其前后创建一些空白，浏览器会自动添加这些空白，也可以在样式表中进行规定。
-
：用于插入一个换行符。
- <hr>：用于插入一条水平线。
- <div>：用于定义文档中的分区或者节（Division/Section）。该元素是一个块级元素，也就是说，浏览器通常会在该元素前后放置一个换行符。
- <span>：与<div>类似，区别是该元素默认不会换行。

```
示例代码：
<!DOCTYPE html>
<html>
    <head>
        <meta charset="utf-8">
        <title>HTML5 保留的基本元素</title>
        <base href="https://www.google.com/" />
        <style type="text/css">
            h1 {
                color: red
            }

            h2 {
```

```
                color: blue
            }
        </style>
    </head>
    <body>
        <!--这里是注释，不会显示在浏览器中-->
        <h1>一级标题</h1>
        <h2>二级标题</h2>
        <h3>三级标题</h3>
        <h4>四级标题</h4>
        <h5>五级标题</h5>
        <h6>六级标题</h6>
        <hr />
        <p>一曲新词酒一杯，去年天气旧亭台。夕阳西下几时回？无可奈何花落去，似曾相识燕归来。小园香径独徘徊。</p>
        <p>一曲新词酒一杯，<br />去年天气旧亭台。<br />夕阳西下几时回？<br />无可奈何花落去，<br />似曾相识燕归来。<br />小园香径独徘徊。</p>
        <hr />
        <div>Hello</div>
        <div>World</div>
        <div>!</div>
        <hr />
        <span>Hello</span>
        <span>World</span>
        <span>!</span>
    </body>
</html>
```

运行结果如下图所示。

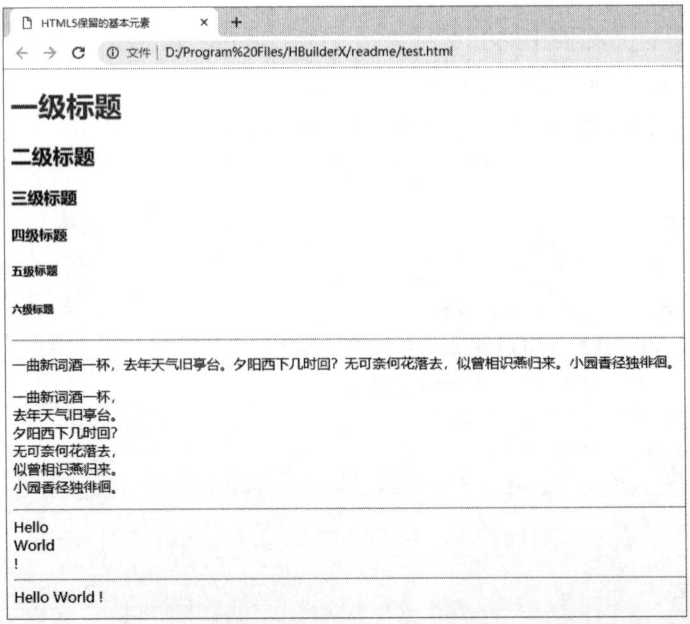

8.1.2　文本格式化元素

这种类型的元素可以使文本内容在浏览器中呈现特定的文字效果。但是，这些文本格式化元素仅能实现简单的、基本的文本格式化。现在的 HTML5 开发，页面元素较为复杂，一般用 CSS 样式单做更加丰富的文本格式化。但即便是这样，文本格式化元素也是经常会用到的。

- <b>：用于定义粗体文本，是 bold 的缩写。
- <strong>：用于定义粗体文本。
- <small>：用于定义小号字体文本。对应的<big>元素在 HTML5 中被废弃。
- <em>：用于定义强调文本，是 emphasized 的缩写，显示效果与斜体文本类似。
- <i>：用于定义斜体文本。
- <sub>：用于定义下标文本。
- <sup>：用于定义上标文本。
- <bdo>：用于定义文本方向。

```
示例代码：
<!DOCTYPE html>
<html>
    <head>
        <meta charset="utf-8">
        <title>HTML5 保留的文本格式化元素</title>
    </head>
    <body>
        <div><b>粗体文本</b></div>
        <div><strong>粗体文本</strong></div>
        <div><big>大号字体文本</big></div>
        <div><small>小号字体文本</small></div>
        <div><em>强调文本</em></div>
        <div><i>斜体文本</i></div>
        <div>普通文本<sup>上标文本</sup></div>
        <div>普通文本<sub>下标文本</sup></div>
        <div><bdo dir="ltr">从左往右</bdo></div>
        <div><bdo dir="rtl">从右往左</bdo></div>
    </body>
</html>
```

运行结果如下图所示。

根据 HTML5 的规范，标题文本应使用<h1>～<h6>，强调文本使用<em>，重要文本使用<strong>，其他方面的才使用<b>。

HTML 中还提供了一些特殊的文本格式化元素，这类特殊的文本格式化元素都会呈现特殊的样式，而且这类文本格式化元素都拥有明确的语义。但是，如果想达到更加丰富的效果，还需要使用 CSS 样式单做文本格式化。

- <abbr>：用于定义一个缩写，是 abbreviation 的缩写。该元素可以使用全局的 title 属性，这样就能够在鼠标指针移动到该元素上时显示出缩写的完整版本。
- <address>：用于定义一个地址，表现形式与斜体相同。
- <blockquote>：用于定义块引用，该元素之间的所有文本都会从常规文本中分离出来，经常会在左、右两边进行缩进，有时会使用斜体。
- <q>：用于定义一个短的引用，该元素之间的内容周围会加上引号。
- <code>：用于定义计算机代码文本。该元素显示方式现在还不确定，目前常见的是用等宽字体显示。
- <cite>：用于表示对某个参考文献的引用，通常用于作品的标题或者参考文献，会用斜体显示。
- <dfn>：用于定义一个专业术语，会用粗体或者斜体显示。
- <del>：用于定义文档中被删除的文本，是 delete 的缩写，会用中画线显示。
- <ins>：用于定义文档中插入的文本，是 insert 的缩写，会用下画线显示。
- <kbd>：用于定义键盘文本，是 keyboard 的缩写，表示文本是从键盘上键入的，经常用在与计算机相关的文档或者手册中。
- <pre>：用于定义预格式化的文本。被包围在 pre 元素中的文本通常会保留空格和换行符，文本也会呈现为等宽字体。
- <samp>：用于定义样本文本，是 sample 的缩写。
- <var>：用于定义变量，是 variable 的缩写，会用斜体显示。

```
示例代码：
<!DOCTYPE html>
<html>
    <head>
```

```
        <meta charset="utf-8">
        <title>HTML5 保留的特殊的文本格式化元素</title>
    </head>
    <body>
        <abbr title="HyperText Markup Language">HTML</abbr>
        <br /><br />
        <dfn>HTML</dfn>是一种标记语言。<del>不是标记语言。</del>
        <br />
        <ins>HTML</ins>是<q>HyperText Markup Language</q>的缩写。
        <br />
        <!-- 空格需要用空格占位符（ ）-->
        <code>
            public class HTMLUtils {<br />
              private static final VERSION = 5.0;<br />
            }<br />
        </code>
        <pre>
            public class HTMLUtils {
                private static final VERSION = 5.0;
            }
        </pre>
        <br />
        2008 年中国在<address>北京市鸟巢和水立方</address>举办了奥运会，这次奥运会
的宣传曲：<cite>北京欢迎你</cite>
        <br />
        <blockquote>
            水是眼波横，<br />
            山是眉峰聚。<br />
            欲问行人去那边？<br />
            眉眼盈盈处。<br />
            才始送春归，<br />
            又送君归去。<br />
            若到江南赶上春，<br />
            千万和春住。<br />
        </blockquote>
        <br />
        网络上查询资料可以在浏览器输入 http://www.google.com
        <br />
        网络上查询资料可以在浏览器输入<kbd>http://www.google.com</kbd>
        <br />
        <samp>网络上查询资料可以在浏览器输入 http://www.google.com</samp>
        <br />
        <var>ijk</var>经常用于 for 循环、while 循环的计数器
        <br />
    </body>
</html>
```

运行结果如下图所示。

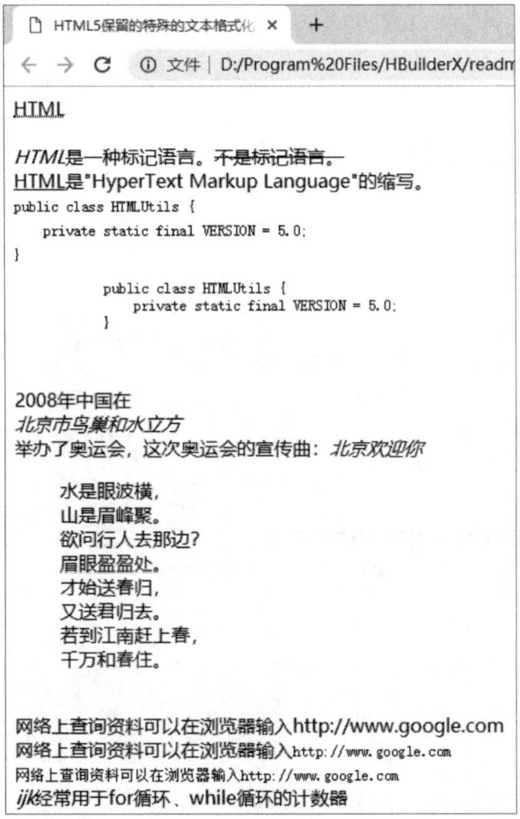

8.1.3 超链接和锚点

HTML5 保留了超链接<a>元素，用于从一张页面链接到另一张页面。它最重要的属性是 href 属性，指示链接的目标。

在 HTML 4.01 中，<a> 元素可以是超链接或者锚。在 HTML5 中，<a> 元素始终是超链接，但如果未设置 href 属性，则只是超链接的占位符。

HTML5 提供了一些新属性，同时废弃了一些 HTML 4.01 的属性。

HTML5 新增的属性如下。

- download：此属性指示浏览器下载 URL 而不是导航到它，因此提示用户将其保存为本地文件。如果属性有一个值，那么它将在 Save 提示符中作为预填充的文件名使用（如果用户需要，仍然可以更改文件名）。
- media：此属性规定目标 URL 是为什么类型的媒介/设备进行优化的。

HTML5 废弃的属性如下。

- ~~charset：规定被链接文档的字符集。~~
- ~~coords：规定链接的坐标。~~

- ~~**name**：规定锚的名称。~~
- ~~**rev**：规定被链接文档与当前文档之间的关系。~~
- ~~**shape**：规定链接的形状。~~

```
示例代码：
<!DOCTYPE html>
<html>
    <head>
        <meta charset="utf-8">
        <title>HTML5 超链接</title>
    </head>
    <body>
        <a href="http://www.google.com/">跳转到 Google</a>
        <br />
        <a href="http://www.baidu.com">
            跳转到
            <img src="https://ss0.bdstatic.com/5aV1bjqh_Q23odCf/static/
superman/img/logo_top_86d58ae1.png" />
        </a>
        <br />
        <a  href="https://ss0.bdstatic.com/5aV1bjqh_Q23odCf/static/superman/
img/logo_top_86d58ae1.png" download="">
            点击下载
            <img src="https://ss0.bdstatic.com/5aV1bjqh_Q23odCf/static/
superman/ img/logo_top_86d58ae1.png" />
        </a>
    </body>
</html>
```

运行结果如下图所示。

如上图所示，点击第一条超链接，可以跳转到 Google 网站；点击第二条超链接或者图片，可以跳转到百度网站；点击第三条超链接或者图片，可以下载该图片。

8.1.4　列表相关元素

- <ul>：用于定义无序列表。
- <ol>：用于定义有序列表。
- <li>：用于定义列表项目。
- <dl>：用于定义列表，子元素仅有<dt>和<dd>两种。

- <dt>：用于定义标题列表项。
- <dd>：用于定义列表项目。

```
示例代码：
<!DOCTYPE html>
<html>
    <head>
        <meta charset="utf-8">
        <title>HTML5 保留的列表元素</title>
    </head>
    <body>
        <ul>
            <li>北京</li>
            <li>天津</li>
            <li>河北</li>
        </ul>
        <ol>
            <li>北京</li>
            <li>天津</li>
            <li>河北</li>
        </ol>
        <dl>
            <dt>京津冀</dt>
            <dd>北京</dd>
            <dd>天津</dd>
            <dd>河北</dd>
            <dt>东北</dt>
            <dd>黑龙江</dd>
            <dd>吉林</dd>
            <dd>辽宁</dd>
        </dl>
    </body>
</html>
```

运行结果如下图所示。

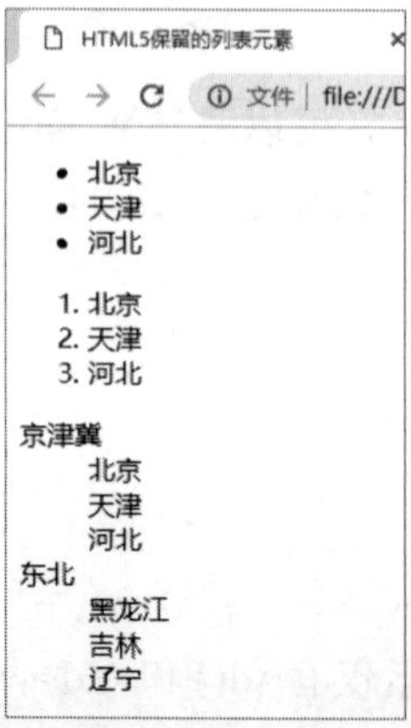

8.1.5 表格相关元素

- <table>：用于定义表格。
- <caption>：用于定义表格标题。
- <tr>：用于定义表格行，子元素仅有<td>和<th>两种。
- <td>：用于定义单元格。
- <th>：用于定义单元格，与<td>相同，但显示效果不一样，通常用于表格页眉。

做表格时，经常会用到合并单元格的功能，HTML 也提供了此类功能。<td>可以指定 colspan 和 rowspan 两个属性，分别表示该单元格横跨多少列和该单元格纵跨多少行。

```
简单表格的示例代码：
<!DOCTYPE html>
<html>
    <head>
        <meta charset="utf-8">
        <title>HTML5 简单表格</title>
    </head>
    <body>
        <table border="1">
            <caption><b>三年一班课程表</b></caption>
            <tr><th></th><th>星期一</th><th>星期二</th><th>星期三</th><th>星期四</th><th>星期五</th></tr>
            <tr><td  rowspan="2">上午</td><td>语文</td><td>数学</td><td>英语</td><td>音乐</td><td>美术</td></tr>
            <tr><td>数学</td><td>英语</td><td>语文</td><td>体育</td><td>生物</td></tr>
            <tr><td  rowspan="2">下午</td><td>英语</td><td>语文</td><td>数学</td><td rowspan="2" colspan="2">自习</td></tr>
            <tr><td>物理</td><td>化学</td><td>历史</td></tr>
        </table>
    </body>
</html>
```

运行结果如下图所示。

- <tbody>：用于定义表格主体，子元素仅有<td>和<th>两种。
- <thead>：用于定义表格表头，子元素仅有<td>和<th>两种。
- <tfoot>：用于定义表格页脚，子元素仅有<td>和<th>两种。

<tbody>、<thead>、<tfoot>通常用于对表格内容进行分组，当创建某个表格时，也许希望拥有一个标题行、一些带有数据的行，以及位于底部的一个总计行。这种划分使浏览器有能力支持独立于表格标题和页脚的表格正文滚动。当长的表格被打印时，表格的表头和页脚可被打印在包含表格数据的每张页面上。

```
复杂表格的示例代码：
<!DOCTYPE html>
<html>
    <head>
        <meta charset="utf-8">
        <title>HTML5 复杂表格</title>
    </head>
    <body>
        <table border="1">
            <thead>
                <tr>
                    <th>月份</th>
                    <th>收入</th>
                    <th>支出</th>
                    <th>盈亏</th>
                </tr>
            </thead>
            <tbody>
                <tr>
                    <td>一月</td>
                    <td>2800</td>
                    <td>1800</td>
                    <td>1000</td>
                </tr>
                <tr>
                    <td>二月</td>
                    <td>2500</td>
                    <td>2800</td>
                    <td>-300</td>
                </tr>
            </tbody>
            <tfoot>
                <tr>
                    <td>汇总</td>
                    <td>5300</td>
                    <td>4600</td>
                    <td>700</td>
                </tr>
            </tfoot>
        </table>
    </body>
</html>
```

运行结果如下图所示。

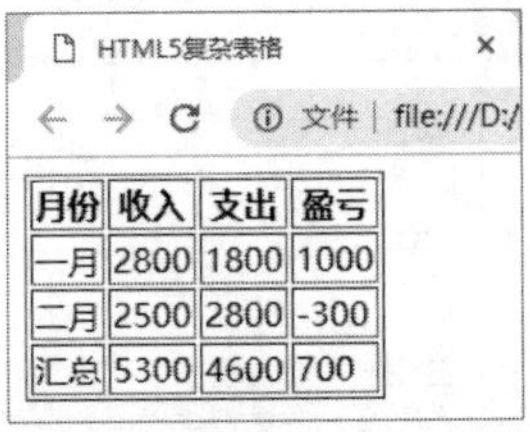

月份	收入	支出	盈亏
一月	2800	1800	1000
二月	2500	2800	-300
汇总	5300	4600	700

- <col>：用于为表格中一个或者多个列定义属性值，通常位于<colgroup>元素内。
- <colgroup>：用于对表格中的列进行组合，以便对其进行格式化。

```
示例代码：
<!DOCTYPE html>
<html>
    <head>
        <meta charset="utf-8">
        <title>HTML5 表格使用 colgroup</title>
    </head>
    <body>
        <table border="1">
            <colgroup>
                <col width="150">
                <col width="300">
            </colgroup>
            <tr>
                <th>省</th>
                <th>市</th>
                <th>区</th>
            </tr>
            <tr>
                <td>河北</td>
                <td>石家庄</td>
                <td>新华区</td>
            </tr>
            <tr>
                <td>河南</td>
                <td>郑州</td>
                <td>金水区</td>
            </tr>
        </table>
    </body>
</html>
```

运行结果如下图所示。

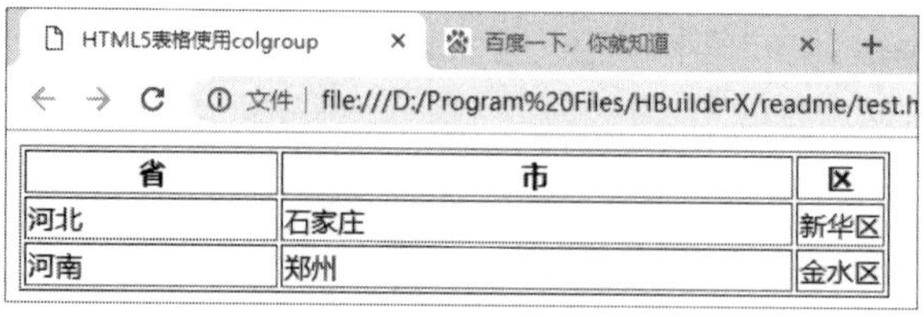

8.2 HTML5新增的常用元素

8.2.1 文档结构元素

在HTML5出现之前，HTML页面只能用<div>元素作为结构元素，为代码阅读带来了极大的困扰，故在HTML5中增加了大量的结构元素，如<header>、<footer>、<aside>、<nav>等。有了这些新增的结构元素，在查看页面元素时，可以更加快速地定位到想看的代码，提高了代码的阅读性。

HTML5新增的结构元素如下。

- <header>：用于定义文档或者节的页眉，展示介绍性内容，通常包含一组介绍性的或者辅助导航的实用元素。它可能包含一些标题元素，但也可能包含其他元素，如Logo、搜索框、作者名称等。
- <footer>：用于定义文档或者节的页脚。页脚通常包含文档的作者、版权信息、使用条款链接、联系信息等。

```
示例代码：
<!DOCTYPE html>
<html>
    <head>
        <meta charset="utf-8">
        <title>HTML5 的 header 和 footer</title>
    </head>
    <body>
        <header>
            <h1>HTML 简介</h1>
        </header>
        <main>
            <p>
                <pre>
HTML，HyperText Markup Language，简称 HTML，中文名称为超文本标记语言。
人们可以使用 HTML 来建立自己的 Web 站点，HTML 文档运行在浏览器上，由浏览器来解析。
                </pre>
            </p>
        </main>
        <footer>
```

```
            <p>Public by: 王五</p>
            <p>联系方式: <a href="mailto:wangwu@example.com">wangwu@example.
com</a>.</p>
        </footer>
    </body>
</html>
```

运行结果如下图所示。

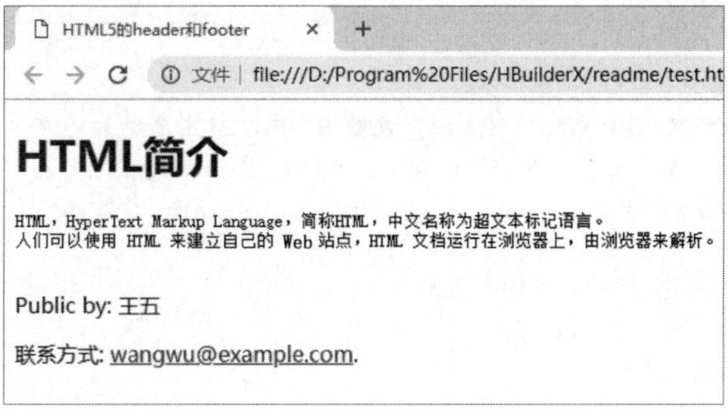

- <article>：用于定义文档内的文章。该元素可以是一个论坛帖子，可以是一篇新闻报道，可以是一个博客条目，也可以是一条用户评论。总之，只要是一篇独立的文档内容，就可以使用该元素。<article>元素可以嵌套使用，如代表博客评论的<article>元素可嵌套在代表博客文章的<article>元素中。<article>元素也可以使用<header>、<footer>、<section>等元素将一篇独立的文档内容分成若干块。
- <section>：用于定义文档中的一个区域（或者节）。一般通过是否包含一个标题（<h1>～<h6>）作为子节点辨识每一个<section>元素。<section>元素可以包含多个<article>，表示该区域内部包含多篇文章。同样，<section>元素也可以嵌套使用，用于表示该区域的子区域。

<article>元素和<section>元素在使用上非常容易出错，这是因为它们可以包含很多个子元素，同时还可以互相嵌套。其实，<article>元素可以看作一种特殊类型的<section>元素，它比<section>元素更强调独立性。也就是说，<section>元素强调分段或者分块，而<article>元素强调独立性。总体来说，<div>元素无任何语义，在 HTML5 中一般用作样式化或者脚本化。如果是一段主题性的内容，则用<section>元素；假如一段主题性内容脱离上下文后仍是完整且独立存在的一段内容，则用<article>元素。

```
示例代码:
<!DOCTYPE html>
<html>
    <head>
```

```
        <meta charset="utf-8">
        <title>HTML5 的 article 和 section</title>
    </head>
    <body>
        <article>
            <header>
                <h1>HTML5 简介</h1>
                <p>发表日期：<time pubdate="pubdate">2019/01/01</time></p>
            </header>
            <p>
                <pre>
HTML，HyperText Markup Language，简称 HTML，中文名称为超文本标记语言。
人们可以使用 HTML 来建立自己的 Web 站点，HTML 文档运行在浏览器上，由浏览器来解析。
                </pre>
            </p>
            <section>
                <h2>评论</h2>
                <article>
                    <header>
                        <h3>发表者：张三</h3>
                        <p><time pubdate datetime="2019-01-01">1 小时前</time>
</p>
                    </header>
                    <p>沙发！</p>
                </article>

                <article>
                    <header>
                        <h3>发表者：李四</h3>
                        <p><time pubdate datetime="2019-01-01">1 小时前</time>
</p>
                    </header>
                    <p>板凳！</p>
                </article>
            </section>
            <footer>
                <small>Public By 王五</small>
            </footer>
        </article>
    </body>
</html>
```

运行结果如下图所示。

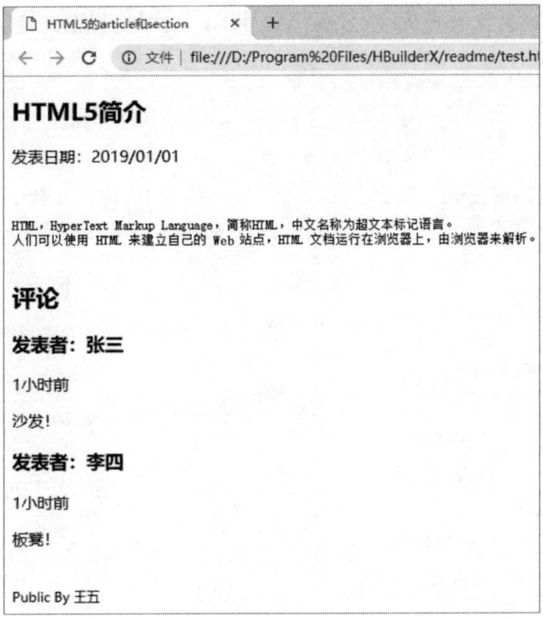

- <aside>：用于定义与当前页面或者当前文章内容几乎无关的附属信息，被认为是独立于该内容的一部分，并且可以被单独拆分出来而不会使整体受影响。其通常表现为侧边栏或者嵌入内容。

```
示例代码：
<!DOCTYPE html>
<html>
    <head>
        <meta charset="UTF-8">
        <title> HTML5 的 aside</title>
        <style type="text/css">
            aside {
                position: absolute;
                background-color: greenyellow;
                border: 1px solid black;
                width: 200px;
                left: 30%;
                top:5%
            }
        </style>
    </head>
    <body>
        <header>
            <h1>HTML 简介</h1>
        </header>
        <main>
            <p>
                <pre>
HTML, HyperText Markup Language, 简称 HTML, 中文名称为超文本标记语言。
```

```
    人们可以使用 HTML 来建立自己的 Web 站点，HTML 文档运行在浏览器上，由浏览器来解析。
                </pre>
            </p>
        </main>
        <footer>
            <p>Public by: 王五</p>
            <p>联系方式: <a href="mailto:wangwu@example.com">wangwu@example.
com </a>. </p>
        </footer>
        <aside>
            <h1>主菜单</h1>
            <ul>
                <a href="##">
                    <li>首页</li>
                </a>
                <a href="##">
                    <li>导航 1</li>
                </a>
                <a href="##">
                    <li>导航 2</li>
                </a>
                <a href="##">
                    <li>导航 3</li>
                </a>
                <a href="##">
                    <li>导航 4</li>
                </a>
                <a href="##">
                    <li>导航 5</li>
                </a>
            </ul>
        </aside>
    </body>
</html>
```

运行结果如下图所示。

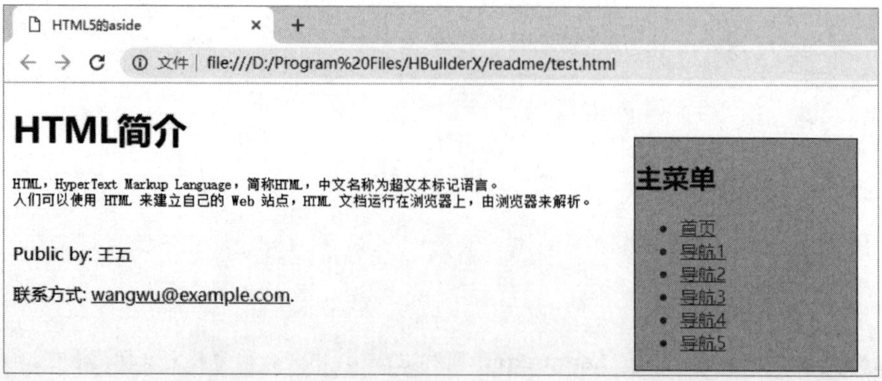

- <figure>：用于定义一段独立的引用，经常与<figcaption>配合使用，通常用在主文中的图片、代码、表格等之中。当这部分内容转移到附录中或者其他页面时不会影响到主体。
- <figcaption>：用于表示与其相关联的引用的说明/标题，描述其父节点 <figure> 元素中的其他数据。

```
示例代码：
<!DOCTYPE html>
<html>
    <head>
        <meta charset="UTF-8">
        <title>HTML5 的 figure 和 figcaption</title>
    </head>
    <body>
        <figure>
            <img src="https://ss0.bdstatic.com/5aV1bjqh_Q23odCf/static/
superman/img/logo_top_86d58ae1.png" />
            <figcaption>百度</figcaption>
        </figure>
        <figure>
            <figcaption>JavaScript RegExp</figcaption>
            <pre>
var patt=new RegExp("e");
document.write(patt.exec("To be or not to be, that's a question."));
            </pre>
        </figure>
        <figure>
            <figcaption><cite>水调歌头</cite> —— 苏轼</figcaption>
            <pre>
明月几时有？把酒问青天。不知天上宫阙，今夕是何年。
我欲乘风归去，又恐琼楼玉宇，高处不胜寒。起舞弄清影，何似在人间？

转朱阁，低绮户，照无眠。不应有恨，何事长向别时圆？
人有悲欢离合，月有阴晴圆缺，此事古难全。但愿人长久，千里共婵娟。
            </pre>
        </figure>
    </body>
</html>
```

运行结果如下图所示。

- <hgroup>：用于对多个<h1>～<h6>元素进行组合，一般用来展示标题的多个层级或者副标题。但是<hgroup>元素目前并没有广泛使用，这是因为其在 WHATWG 版本的 HTML5 规范是存在的，但在 W3C 公布的 HTML5 中这个元素是被删除的。目前，<hgroup>元素在大多数浏览器中是有部分实现的，该元素的语义目前还停留在理论中。

```
示例代码：
<!DOCTYPE html>
<html>
    <head>
        <meta charset="UTF-8">
        <title>HTML5 的 hgroup </title>
    </head>
    <body>
        <hgroup>
            <h1>Web 基础开发</h1>
            <h2>HTML+CSS+JavaScript 开发</h2>
        </hgroup>
    </body>
</html>
```

运行结果如下图所示。

- <nav>：用于定义页面上的导航链接部分。导航条样式有很多，常见的有顶部导航、底部导航、侧边导航。

```
顶部导航示例代码：
<!DOCTYPE html>
<html>
```

```
    <head>
        <meta charset="UTF-8">
        <title>HTML5 的 nav</title>
    </head>
    <style type="text/css">
        ul {
            list-style: none;
            width: auto;
        }
        ul li {
            float: left;
            padding: 5px 5px
        }
    </style>
    <body>
        <nav>
            <ul>
                <li><a href="新闻"><b>新闻</b></a></li>
                <li><a href="军事">军事</a></li>
                <li><a href="国内">国内</a></li>
                <li><a href="国际">国际</a></li>
            </ul>
            <ul>
                <li><a href="财经"><b>财经</b></a></li>
                <li><a href="股票">股票</a></li>
                <li><a href="基金">基金</a></li>
                <li><a href="外汇">外汇</a></li>
            </ul>
        </nav>
    </body>
</html>
```

运行结果如下图所示。

```
底部导航示例代码:
<!DOCTYPE html>
<html>
    <head>
        <meta charset="UTF-8">
        <title>HTML5 的 nav</title>
    </head>
    <body>
        <nav>
            <a href="1">1</a>
```

```
            <a href="2">2</a>
            <a href="3">3</a>
            <a href="4">4</a>
            <a href="5">5</a>
            <a href="6">6</a>
            <a href="7">7</a>
            <a href="8">8</a>
            <a href="9">9</a>
            <a href="更多">更多</a>
        </nav>
    </body>
</html>
```

运行结果如下图所示。

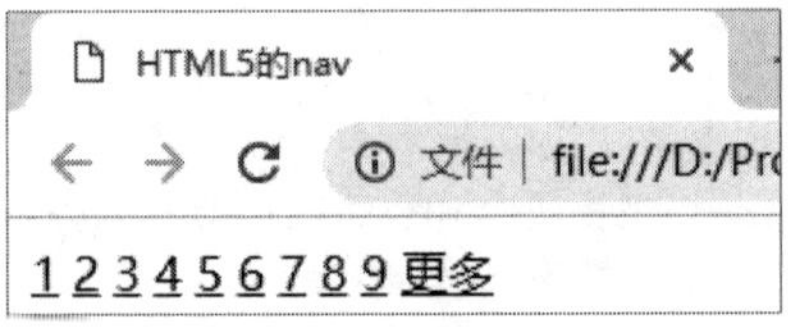

8.2.2 文本格式化元素

- bdi：位于<bdi>标签内部的文本会脱离其父元素设置好的文本方向，bdi 是 Bi-directional Isolation 的缩写。目前，这个标签的语义和支持性不是很好，所以使用并不广泛。
- mark：用于定义高亮文本，显示效果是加上一个黄色背景。
- time：用于显示被标注的内容是日期或者时间，它采用的是 24 小时制，一般会用到以下两个属性。
  - datetime：该属性表示此元素的时间和日期，并且属性值必须是一个有效的日期时间格式。如果此值不能被解析为日期，那么元素就不会有一个关联的时间戳。该属性值交给机器读取，而不是显示给用户看的，这样做是为了方便其他代码读取该日期时间，并且可以拿到一个标准的时间戳。
  - pubtime：指示<time>元素中的日期时间是文档的发布日期。

    有效的日期时间格式为 yyyy-MM-ddThh:mm:ss，T 为分隔符。

日　期	2019-01	2019-01-08	01-08
时　间	12:01	12:01:08	12:01:08.465
日期时间	2019-01-08T12:01	2019-01-08T12:01:08	2019-01-08T12:01:08.465
	2019-01-08 12:01	2019-01-08 12:01:08	2019-01-08 12:01:08.465
日期时间时区	2019-01-08T12:01Z	2019-01-08T12:01:08Z	2019-01-08T12:01:08.465Z
	2019-01-08T12:01+0800	2019-01-08T12:01:08+0800	2019-01-08T12:01:08.465+0800
	2019-01-08T12:01+08:00	2019-01-08T12:01:08+08:00	2019-01-08T12:01:08.465+08:00
	2019-01-08 12:01Z	2019-01-08 12:01:08Z	2019-01-08 12:01:08.465Z
	2019-01-08 12:01+0800	2019-01-08 12:01:08+0800	2019-01-08 12:01:08.465+0800
	2019-01-08 12:01+08:00	2019-01-08 12:01:08+08:00	2019-01-08 12:01:08.465+08:00

示例代码：

```
<!DOCTYPE html>
<html>
    <head>
        <meta charset="utf-8">
        <title>HTML5 的 mark 和 time</title>
    </head>
    <body>
        <p>
            <time datetime="2019-02-05">2019 年 2 月 5 日</time>是中国的传统节日——<mark>春节</mark>
        </p>
        <p>
            今天我<time datetime="07:00">早上 7 点</time>起来上班了。
        </p>
        <p>
            大家好，现在是<time  datetime="22:00", pubdate="true">晚上 10 点</time>! <br />
            G102 通燕高速出京方向 K31 潮白河大桥发生交通事故，正在处理中，请注意行车安全。<br />
            G102 通燕高速出京方向白庙至燕郊车流量大，请注意行车安全。<br />
            G4 京港澳高速出京方向 K45 琉璃河发生交通事故，正在处理中，请注意行车安全。<br />
            驻外记者 张三为你报道!
        </p>
    </body>
</html>
```

运行结果如下图所示。

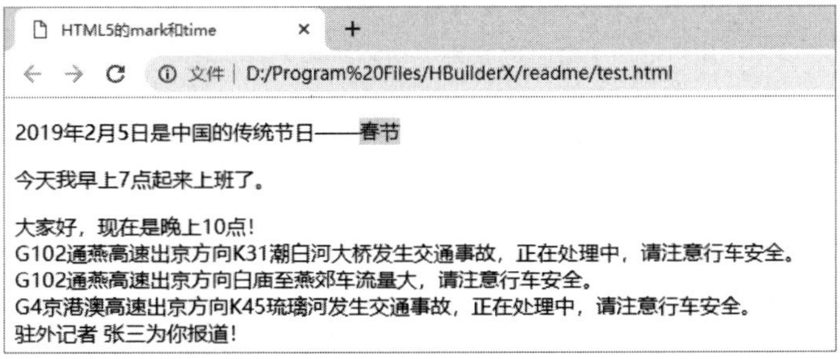

8.2.3　页面增强元素

- meter：用于表示一个已知最大值和最小值的计数器，又被称作 gauge（尺度），常用于电池电量、磁盘用量、速度表等。<meter>元素还可以指定如下属性。
  - ➢ form：指定<meter>元素所属的一个或者多个表单。
  - ➢ value：指定<meter>元素的当前值。
  - ➢ min：指定<meter>元素的最小值。

  - ➢ max：指定<meter>元素的最大值。
  - ➢ low：指定<meter>元素指定范围的最小值。
  - ➢ high：指定<meter>元素指定范围的最大值。
  - ➢ optimum：指定<meter>元素最优值。
- progress：用于表示一个进度条，常用于下载进度、加载进度等显示任务进度的场景。<progress> 元素还可以指定如下属性。
  - ➢ max：指定任务总工作量。
  - ➢ value：指定已完成的任务量。

```
示例代码：
<!DOCTYPE html>
<html>
    <head>
        <meta charset="utf-8">
        <title>HTML5 的 meter 和 progress</title>
    </head>
    <body>
        当前汽车行驶速度是<meter  value="120"  max="220"  min="0"  high="200" low= "0">120</meter>千米/小时<br \>
        我的 C 盘使用了<meter value="600" max="2000" min="0" high="2000" low= "0">600G</meter>的空间<br \>
        任务完成比<progress max="100" value="50">50/100</progress><br \>
        该文件已下载<progress max="100" value="73">73%</progress><br \>
    </body>
</html>
```

运行结果如下图所示。

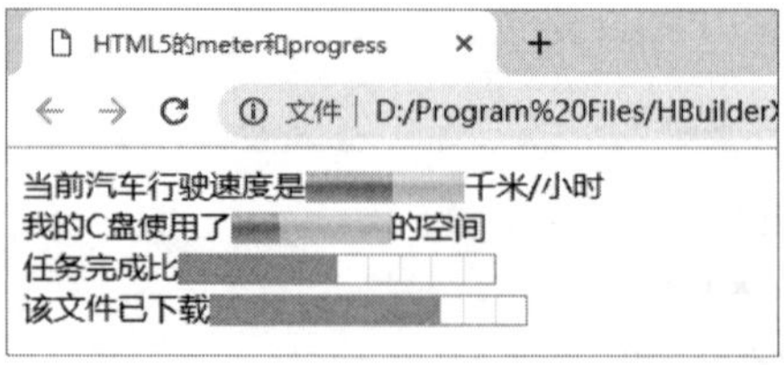

8.2.4 多媒体元素

前面也提到过，在 HTML5 之前，如果想在网页上播放音频和视频，则需要安装第三方插件，常用的是 Flash。使用插件有以下几方面缺点：第一，比较烦琐；第二，容易出现安全性问题；第三，大部分情况下只能在计算机上使用。HTML5 的出现改变了这种现状，只需要如下两个元素就可以处理音频和视频。

- audio：定义声音，如音乐或者其他音频流。
- video：定义视频，如电影片段或者其他视频流。

8.2.4.1　audio

<audio>元素用于播放音频，它的使用语法如下：

```
<audio src="song.mp3" controls="controls">亲，您的浏览器不支持 HTML5 的 audio 标签</audio>
```

<audio>元素常用属性如下。

- src：设置歌曲的路径。
- controls：设置是否使用播放控制。如果在标签中编写 controls="controls"，那么网页会显示 audio 自带的播放控件；如果没有编写，则不会显示。

```
示例代码：
<!DOCTYPE html>
<html>
    <head>
        <meta http-equiv="content-type" content="text/html; charset=utf-8">
        <title>audio</title>
    </head>
    <body>
        <audio src="周杰伦 - 完美主义.mp3" controls="controls">亲，您的浏览器不支持 HTML5 的 audio 标签</audio>
    </body>
</html>
```

运行结果如下图所示。

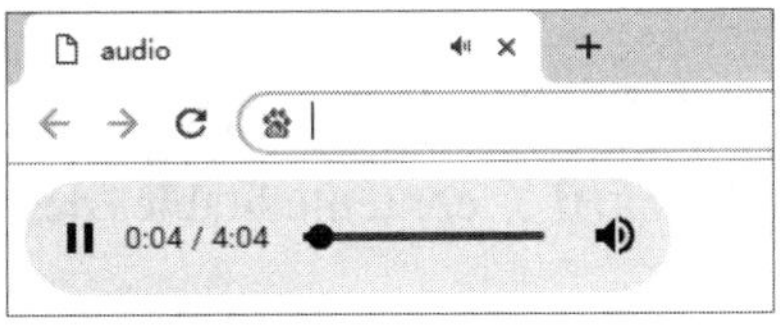

8.2.4.2　video

<video>元素用于播放视频，它的使用语法如下：

```
<video src="video.mp4" controls="controls" >当前浏览器不支持 video 直接播放</video>
```

<video>元素的常用属性如下。

- src：设置视频的路径。
- controls：设置是否使用播放控制。如果在标签中编写 controls="controls"，那么网页会显示 video 自带的播放控件；如果没有编写，则不会显示。

```
示例代码：
<!DOCTYPE html>
<html>
    <head>
        <meta http-equiv="content-type" content="text/html; charset=utf-8">
```

```
        <title>video</title>
    </head>
    <body>
        <video width="800" height="" src="周杰伦 - 完美主义 MV.mp4" controls=
"controls">
            当前浏览器不支持 video 直接播放
        </video>
    </body>
</html>
```

运行结果如下图所示。

8.3 HTML5 的通用属性（全局属性）

HTML5 规范对通用属性也做了一定的修改：保留了 id、style、class、dir、title、lang、accesskey、tableindex 等通用属性，新增了 contenteditable、designMode、hidden 等通用属性。

8.3.1 HTML5 保留的通用属性

HTML5 保留的通用属性如下表所示。

属　性	描　述
id	用于为 HTML 元素指定唯一标识，当程序使用 JavaScript 时即可通过该属性值获取 HTML 元素
style	用于为 HTML 元素指定 CSS 样式
class	用于匹配 CSS 样式的 class 选择器
dir	用于设置元素中内容排列的方向，有 ltr、rtl 两个属性，分别表示设置内容从左到右排列和设置内容从右到左排列
title	用于为 HTML 元素添加一些额外的信息，就是当鼠标移到该元素上时，会自动显示 title 属性所指定的信息
lang	用于告诉浏览器和搜索引擎页面中元素的内容所使用的语言。该属性值应该符合标准代码，如 zh 代表中文、en 代表英文等
accesskey	用于指定激活该元素的快捷键
tableindex	用于控制窗口、获取焦点的顺序（Tab 键）

8.3.2　contenteditable 属性和 designMode 属性

- contenteditable 属性。

HTML5 为大部分 HTML 元素增加了 contenteditable 属性。contenteditable 属性规定元素内容是否可编辑。如果该属性设为 true，那么浏览器将允许用户直接编辑该 HTML 元素中的内容。修改后的内容会直接显示在该页面上，但是，一旦刷新页面，页面会重新加载，修改的内容会丢失。

另外，HTML5 还增加了 iscontenteditable 属性，当元素处于可编辑状态时，该属性返回 true，否则返回 false。

```
示例代码：
<!DOCTYPE html>
<html>
    <head>
        <meta charset="utf-8">
        <title>HTML5 的 contenteditable</title>
    </head>
    <body>
        <table border="1" contenteditable="true">
            <caption><b>值班表</b></caption>
            <tr>
                <th>星期一</th>
                <th>星期二</th>
                <th>星期三</th>
                <th>星期四</th>
                <th>星期五</th>
                <th>星期六</th>
                <th>星期日</th>
            </tr>
            <tr>
                <td>张三</td>
                <td>李四</td>
                <td>王五</td>
                <td>赵六</td>
                <td>孙七</td>
                <td>周八</td>
                <td>吴九</td>
            </tr>
        </table>
    </body>
</html>
```

运行结果如下图所示。

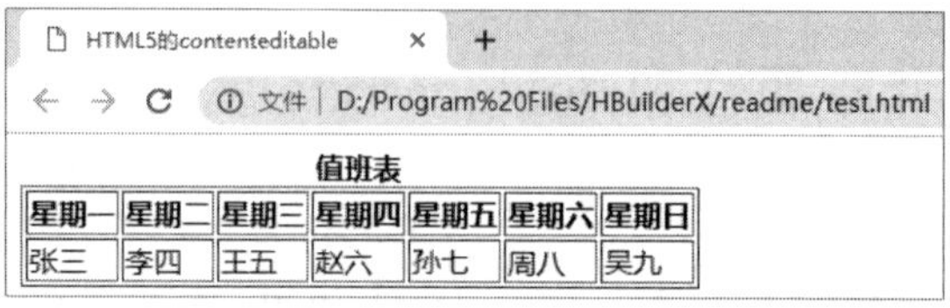

单击修改后的结果如下图所示。

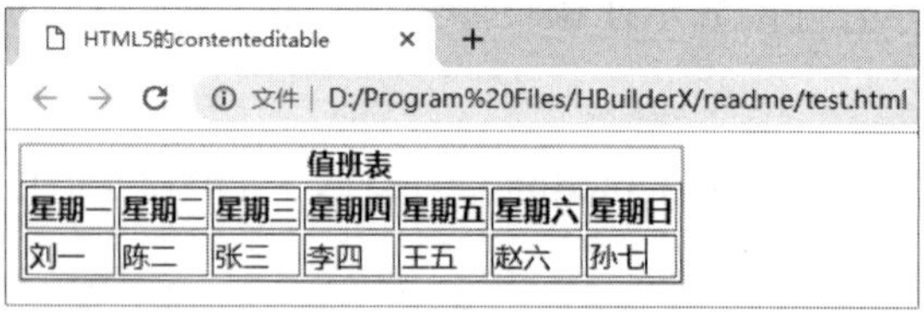

- designMode 属性。

designMode 相当于一个全局的 contenteditable 属性。如果将 designMode 属性设为 on，则该页面上所有支持 contenteditable 属性的元素都变成可编辑状态。designMode 属性默认为 off。

严格来讲，designMode 属性只能用 JavaScript 修改。同时，这个属性以最后生效的为准，换句话说，这个属性值要么是 on，要么是 off，不能这部分页面元素的属性值是 on，另一部分页面元素的属性值是 off。

```
示例代码：
<!DOCTYPE html>
<html>
    <head>
        <meta charset="utf-8">
        <title>HTML5 的 designMode</title>
    </head>
    <body>
        <script type="text/JavaScript">
            document.designMode = "on";
        </script>
        <table border="1">
            <caption><b>值班表</b></caption>
            <tr>
                <th>星期一</th>
                <th>星期二</th>
                <th>星期三</th>
                <th>星期四</th>
                <th>星期五</th>
                <th>星期六</th>
                <th>星期日</th>
            </tr>
            <tr>
                <td>张三</td>
                <td>李四</td>
                <td>王五</td>
```

```
                <td>赵六</td>
                <td>孙七</td>
                <td>周八</td>
                <td>吴九</td>
            </tr>
        </table>
    </body>
</html>
```

运行结果如下图所示。

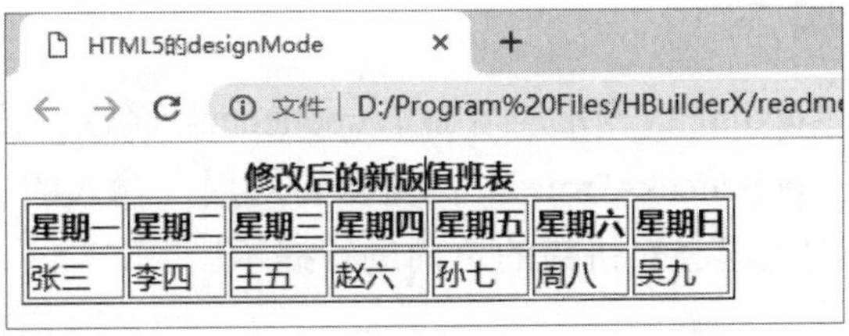

8.3.3　hidden 属性

HTML5 的所有元素都有 hidden 属性，属性值为 true 时显示，属性值为 false 时隐藏。CSS 中的 display 属性也可以设置与 hidden 属性一样的效果，hidden="true"相当于 display:none。

```
示例代码：
<!DOCTYPE html>
<html>
    <head>
        <meta charset="utf-8">
        <title>HTML5 的 hidden</title>
    </head>
    <body>
        <button id="button" onclick="
        var target=document.getElementById('target');
        target.hidden=!target.hidden;
        var button=document.getElementById('button');
        if(target.hidden){button.innerHTML='显示'}else{button.innerHTML='隐藏'}">
            显示
        </button>
        <div id="target" hidden="true">
            悄悄的我走了,正如我悄悄的来
        </div>
    </body>
</html>
```

运行结果如下图所示。

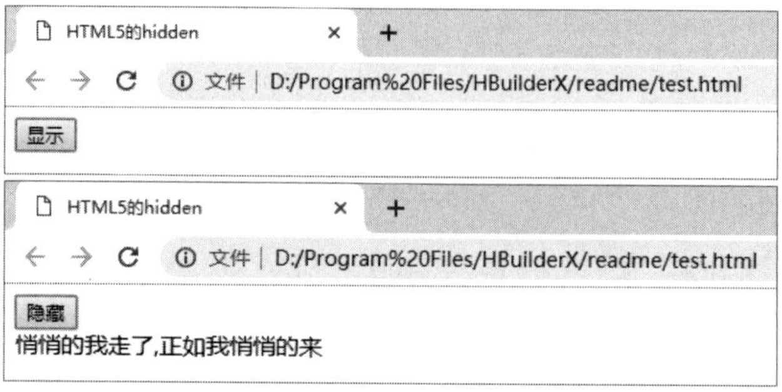

8.3.4 spellcheck 属性

HTML 为<input>、<textarea>等元素增加了 spellcheck 属性。该属性可支持 true、false 两个属性值，如果设置 spellcheck="true"，浏览器将对用户输入的文本内容执行输入检查，如果检查不通过，那么浏览器会对拼错的单词进行提示。

```
示例代码：
<!DOCTYPE html>
<html>
    <head>
        <meta charset="utf-8">
        <title>HTML5 的 spellcheck</title>
    </head>
    <body>
        <textarea spellcheck="true" rows="5" cols="50">
        </textarea>
    </body>
</html>
```

运行结果如下图所示。

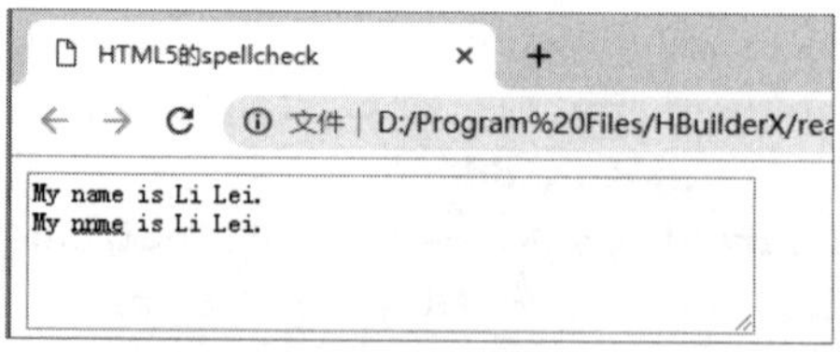

8.4 HTML5 废弃的元素

HTML5 规范不仅增加了很多新元素，还废弃了很多 HTML4 中的元素。

以下元素被废弃的原因是用 CSS 处理可以更好地替代它们：basefont、big、center、font、strike、tt。

以下元素被废弃的原因是它们的使用破坏了 HTML5 的可使用性和可访问性：frame、frameset、noframes。

以下元素被废弃的原因是不经常使用它们，也会引起混乱，而且其他元素可以很好地实现它们的功能：acronym 被废弃是因为它经常使页面错乱，可以使用 abbr 代替；applet 被废弃是因为可以使用 object 代替；isindex 被废弃是因为可以使用表单控件代替；dir 被废弃是因为可以使用 ul 代替。

8.5 HTML5 废弃的属性

HTML4 中的一些属性不会再被允许在 HTML5 中使用，官方规范详细说明了如何处理现有的文档，并且以后新文档不能再使用这些属性，因为它们会被标记成不合法的属性，如下表所示。

对 应 元 素	属 性 名 称	替 代 方 案
link、a	charset	在被链接的资源中使用 HTTP Content-type 头元素
	rev	rel
a	shape、coords	使用 area 元素代替 a 元素
img、iframe	longdesc	使用 a 元素链接到较长描述
link	target	多余属性，被省略
area	nohref	多余属性，被省略
head	profile	多余属性，被省略
html	version	多余属性，被省略
img	name	id
meta	scheme	HTML5 不支持
object	achieve、classid、codebase、codetype、declare、standby	使用 data 属性或者 type 属性类调用插件，需要使用这些属性设置参数时，使用 param 属性
param	valuetype、type	使用 name 属性与 value 属性
td、th	axis、abbr	title
td	scope	使用 th 元素

在 HTML5 中，下表中元素的视觉属性也将被废弃，因为这些功能建议用 CSS 实现。

对 应 元 素	属 性 名 称
caption、iframe、img、input、object、legend、table、hr、div、h1、h2、h3、h4、h5、h6、p、col、colgroup、tbody、td、tfoot、th、thead、tr	align
body	alink、link、text、vlink
body	background
table、tr、td、th、body	bgcolor
object	border
table	cellpadding、cellspacing
col、colgroup、tbody、td、tfoot、th、thead、tr	char、charoff
br	clear
dl、menu、ol、ul	compact
table	frame

续表

对应元素	属性名称
iframe	frameborder
td、th	height
img、object	hspace、vspace
iframe	marginheight、marginwidth
hr	noshade
td、th	nowrap
table	rules
iframe	scrolling
hr	size
li、ol、ul	type
col、colgroup、tbody、td、tfoot、th、thead、tr	valign
hr、table、td、th、col、colgroup、pre	width

8.6 本章小结

本章主要介绍了 HTML5 中基本元素和属性的相关知识，重点介绍了 HTML5 新增的文档结构元素、文本格式化元素、页面增强元素，以及新增的全局属性。

第9章 HTML5 表单相关元素和属性

学习任务

【任务 1】熟练掌握 HTML5 原有的表单元素及表单控件；

【任务 2】熟练掌握 HTML5 表单新增功能类型；

【任务 3】熟练掌握 HTML5 表单控件新增的属性。

学习路线

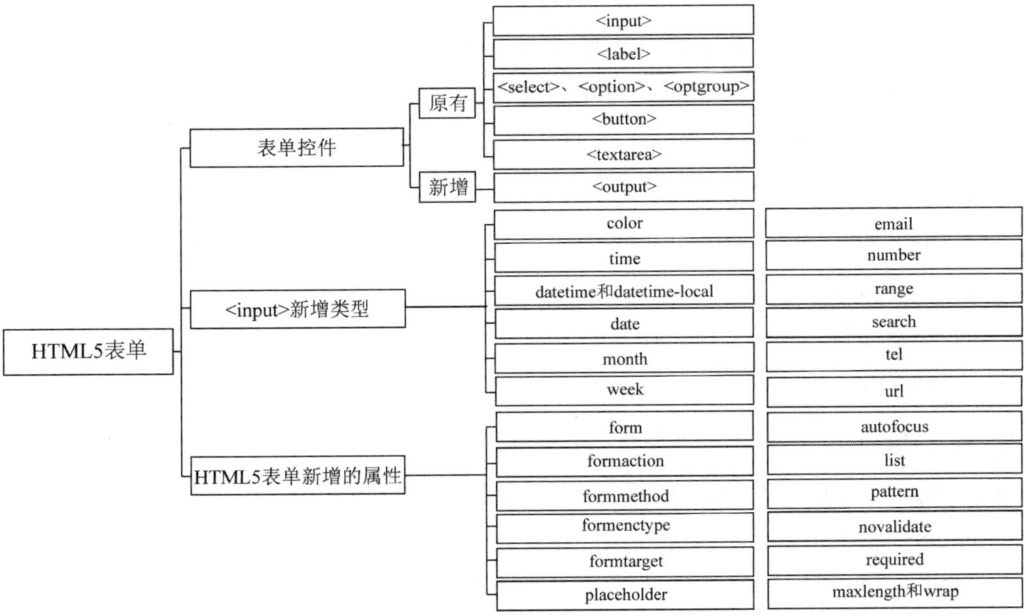

9.1 HTML5 原有的表单元素及表单控件

表单，是页面与 Web 服务器交互过程中最重要的信息来源，在网页中的作用不可小视，负责获取用户填写的数据，并通过浏览器向服务器传送数据。因此，在需要与用户交互的 Web 页面中，表单是极为常见的。

HTML5 在保留原有 HTML 表单控件、属性的基础上，又极大地增强了表单、表单控件的功能，还新增了很多校验 API，这样可以避免书写大量的 JavaScript 代码。

9.1.1 表单元素<form>

<form>元素用于生成输入表单。在 HTML5 之前的规范中，其他表单控件，如单行文本框、多行文本域、单选按钮、复选框、表单按钮等都必须放在<form>元素之内，否则用户输入的信息可能无法提交到服务器上。<form>元素可以指定如下属性。

- action：用于指定当单击表单内的“确定”按钮时，该表单被提交到的地址。这个属性必须有。
- method：用于指定提交表单时发送哪种类型的请求，其属性值可以是 get，也可以是 post，取决于后端程序员提供的 API，而具体使用哪个则是后端程序员需要考虑的问题。这个属性也是必须有的。
  - get：get 请求会将请求参数的名和值转换成字符串，并附加在原 URL 之后，因此，在地址栏等地方可以看到请求的参数。这种请求方式的优点是一目了然，缺点是传输的数据量比较小，因为 URL 的最大长度是 2048 个字符，而且这种请求方法不安全，所以一般用于从指定的资源请求数据。
  - post：post 请求通过 HTTP 的 post 机制，将所有请求参数的名和值放在 HTML HEADER 中传输。这种方法的优点是安全性较高，并且对请求的数据长度没有要求，可以传输很大的数据量。post 请求一般用于向指定的资源提交要被处理的数据。
- enctype：用于指定表单内容编码使用的字符集。该属性有以下 3 个值。
  - application/x-www-form-urlencoded：默认的编码方式，在发送前编码所有字符。
  - multipart/form-data：被编码为一条二进制消息，页面上的每个控件对应消息中的一个部分，包括文件域指定的文件。在使用包含文件上传控件的表单时，必须使用该值。
  - text/plain：空格转换为加号（+），但不对特殊字符编码。
- name：用于指定表单的唯一名称，通常与 id 属性值相同。
- target：用于指定使用哪种方式打开目标 URL，它的属性值可以是_blank、_parent、_self、_top 中的一个，使用方法与<a>元素的 target 相同。

9.1.2 表单控件<input>

<input>元素在表单控件元素中功能最丰富、种类最多，可以通过设定它的 type 属性值获得想要的表单控件。

- type="text"：单行文本输入框。
- type="password"：密码输入框。
- type="hidden"：隐藏域。
- type="radio"：单选框。
- type="checkbox"：复选框。
- type="file"：文件域。
- type="image"：图像域。
- type="submit"：提交按钮。
- type="reset"：重置按钮。
- type="button"：按钮。

<input>除了 type 属性，还可以指定如下几个属性。

- checked：设置单选框、复选框初始状态为选中，属性值仅有 checked，表示初始就被选中。
- disabled：设置首次加载禁用该元素，属性值仅有 disabled，表示该元素被禁用，换句话说，该元素无法获取输入焦点，无法被选中，无法响应单击事件。
- maxlength：设置文本框中允许输入的最大字符数。
- readonly：设置文本框的内容不允许用户直接修改。
- size：设置该元素的宽度。
- src：设置图像域所显示的图像的 URL。

```
示例代码：
<!DOCTYPE html>
<html>
    <head>
        <meta charset="utf-8">
        <title>HTML5 的 input</title>
    </head>
    <body>
        <form action="" method="post">
            用户名：<input type="text" /><br />
            密码：<input type="password" /><br />
            性别：<input type="radio" />男<input type="radio" />女 <br />
            兴趣：<input type="checkbox" />足球<input type="checkbox" />篮球
<input type="checkbox" />乒乓球<br />
            选择文件：<input type="file"/><br />
```

```
            图片：<input  type="image"  src="https://ss0.bdstatic.com/5aV1bjqh_
Q23odCf/static/superman/img/logo_top_86d58ae1.png"><br />
            <input type="reset"/><br />
            <input type="submit"/><br />
            <input type="button"value="自定义" /><br />
            <input type="hidden">
        </form>
    </body>
</html>
```

运行结果如下图所示。

9.1.3　表单控件<label>

<label>元素用来对其他表单控件元素进行说明，主要用于单击<label>元素生成的标签，浏览器会自动将焦点转移到与标签相关的表单控件上。使标签和表单控件关联的方法有以下两种。

- 使用<label>元素的 for 属性，指定为关联表单控件的 id 即可。
- 将说明和表单控件一起放入<label>元素内部即可。

```
示例代码：
<!DOCTYPE html>
<html>
    <head>
        <meta charset="utf-8">
        <title>HTML5 的 label</title>
    </head>
    <body>
        <form action="" method="post">
            <label for="username">用户名：</label><input id="username" type=
"text" /><br />
            <label>密码：<input type="password" /></label><br />
        </form>
    </body>
</html>
```

运行结果如下图所示。

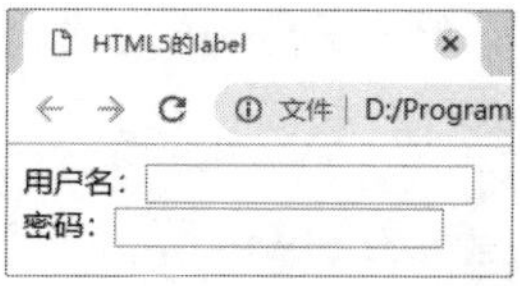

9.1.4　表单控件<select>、<option>和<optgroup>

<select>元素用于创建下拉菜单或者列表框，但必须配合<option>和<optgroup>元素使用。每个<option>代表一个下拉菜单选项或者列表项；每个<optgroup>表示一个列表项组，该元素只能有<option>子元素。

- <select>可以指定如下属性。
  - size：指定该<select>元素同时显示多少个列表项，一旦指定该属性，<select>元素会自动生成列表框
  - multiple：指定该<select>元素是否允许多选，其属性值只能是 multiple，一旦指定该属性，<select>元素会自动生成列表框。
- <optgroup>可以指定如下属性。
  - label：指定该选项组的标签，这个属性必须设置。
- <option>可以指定如下属性。
  - selected：用于指定该列表项初始状态为选中状态，其属性值只能是 selected。
  - value：用于指定该列表项对应的请求参数。

```
示例代码：
<!DOCTYPE html>
<html>
    <head>
        <meta charset="utf-8">
        <title>HTML5 的 select</title>
    </head>
    <body>
        <form action="" method="post">
            你的出生地？
            <select>
                <option value="Beijing">北京</option>
                <option value="Hebei">河北</option>
                <option value="Henan">河南</option>
                <option value="Shanxi">山西</option>
                <option value="Shandong">山东</option>
            </select><br /><br />
            你现在的生活居住地是？
            <select size="6">
                <option value="Beijing">北京</option>
                <option value="Hebei">河北</option>
                <option value="Henan">河南</option>
                <option value="Shanxi">山西</option>
```

```
                <option value="Shandong">山东</option>
            </select><br /><br />
            你去过哪些地方?
            <select multiple="multiple">
                <option value="Beijing">北京</option>
                <option value="Hebei">河北</option>
                <option value="Henan">河南</option>
                <option value="Shanxi">山西</option>
                <option value="Shandong">山东</option>
            </select><br /><br />
            你吃过以下哪些小吃?
            <select size="7"  multiple="multiple">
                <optgroup label="北京">
                    <option value="Zhajiangmian">炸酱面</option>
                    <option value="Lvdagun">驴打滚</option>
                </optgroup>
                <optgroup label="天津">
                    <option value="Goubulibaozi">狗不理包子</option>
                    <option value="Jianbingguozi">煎饼果子</option>
                </optgroup>
            </select><br /><br />
        </form>
    </body>
</html>
```

运行结果如下图所示。

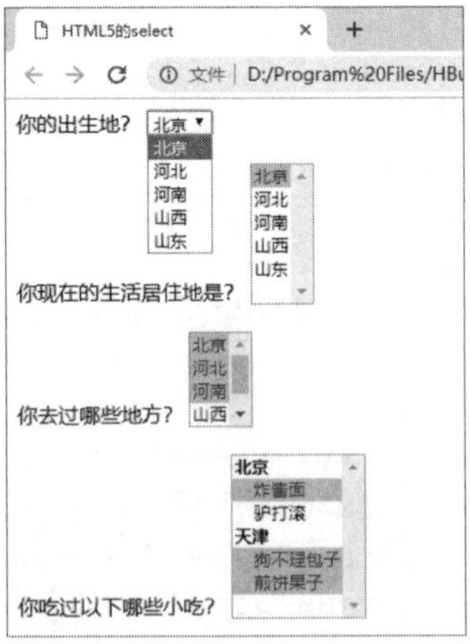

9.1.5 表单控件<button>

<button>元素用于定义一个按钮，元素内部可以包含普通文本、文本格式化元素、图片等内容。与<input type="button"/>的按钮相比，<button>提供了更加丰富的显示内容和视觉效果。<button>中 type 的属性值只能为 button、reset 和 submit 3 种，与<input>的 3 种按钮正好对应。

```
示例代码：
<!DOCTYPE html>
<html>
    <head>
        <meta charset="utf-8">
        <title>HTML5 的 button</title>
    </head>
    <body>
        <form action="" method="post">
            <button type="submit">提交</button><br />
            <button type="reset">重置</button><br />
            <button type="button"><img src="https://ss0.bdstatic.com/5aV1bjqh_
Q23odCf/static/superman/img/logo_top_86d58ae1.png"></button>
        </form>
    </body>
</html>
```

运行结果如下图所示。

9.1.6　表单控件<textarea>

<textarea>元素与<input type="text">不同，它生成的是多行文本域。<textarea>元素的属性包括以下几点。

- cols：用于指定该文本域的宽度，这个属性必须设置。
- rows：用于指定该文本域的高度，这个属性必须设置。
- readonly：用于指定该文本域只读，这个属性值只能是 readonly。

```
示例代码：
<!DOCTYPE html>
<html>
    <head>
        <meta charset="utf-8">
        <title>HTML5 的 textarea</title>
    </head>
    <body>
        <form action="" method="post">
            <textarea cols="50" rows="5"></textarea><br/>
            <textarea cols="50" rows="5" readonly="readonly">这个文本域是只读
的</textarea><br/>
        </form>
    </body>
</html>
```

运行结果如下图所示。

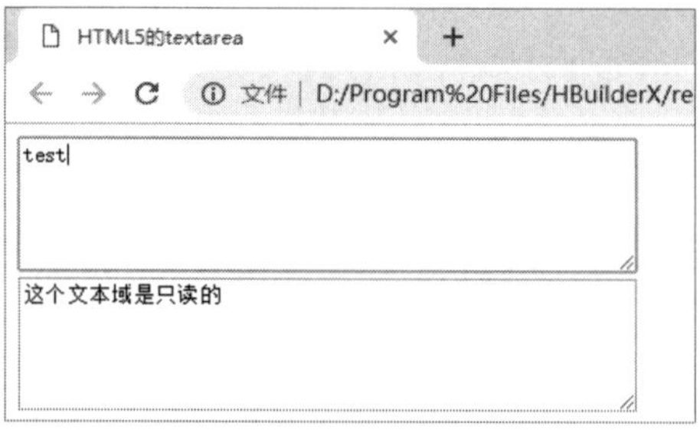

9.2 HTML5 表单新增的元素

HTML5 不仅为原有表单元素、表单控件元素新增了一些属性，还增加了一些新的元素。这些改动极大地增强了 HTML 表单的功能。下面介绍 HTML5 对表单所做的改动。

9.2.1 input 元素新增功能类型

9.2.1.1 color 类型

<input type="color">元素是<input>元素中的一个特定种类，用于创建一个允许用户使用的颜色选择器，或者输入兼容 CSS 语法的颜色代码的区域。当用户在颜色选择器中指定颜色后，该<input>元素的值为该指定颜色的值。

```
示例代码：
<!DOCTYPE html>
<html>
    <head>
        <meta charset="utf-8">
        <title>HTML5 的 input 元素的 color 类型</title>
    </head>
    <body>
        <form action="" method="get">
            <input type="color" name="color" id="" value="#ff0000" /><br />
            <input type="submit" id="" name="" />
        </form>
    </body>
</html>
```

运行结果如下图所示。

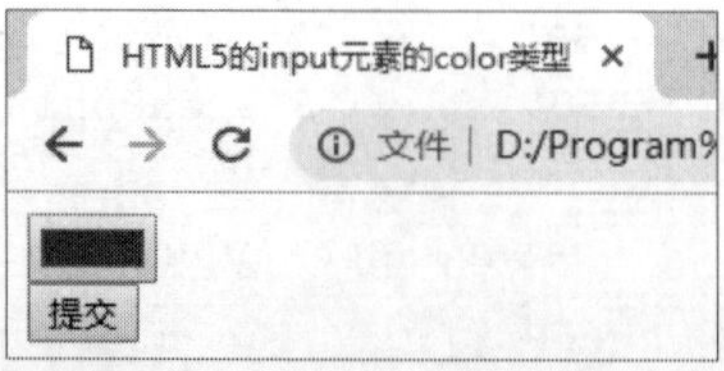

9.2.1.2　time 类型

time 类型使<input>元素生成一个时间选择器。它的结果值包括小时和分，但不包括秒数。

```
示例代码：
<!DOCTYPE html>
<html>
    <head>
        <meta charset="utf-8">
        <title>HTML5 的 input 元素的 time 类型</title>
    </head>
    <body>
        <form action="" method="get">
            <input type="time" name="time" id="" value=""/><br />
            <input type="submit" id="" name="" />
        </form>
    </body>
</html>
```

运行结果如下图所示。

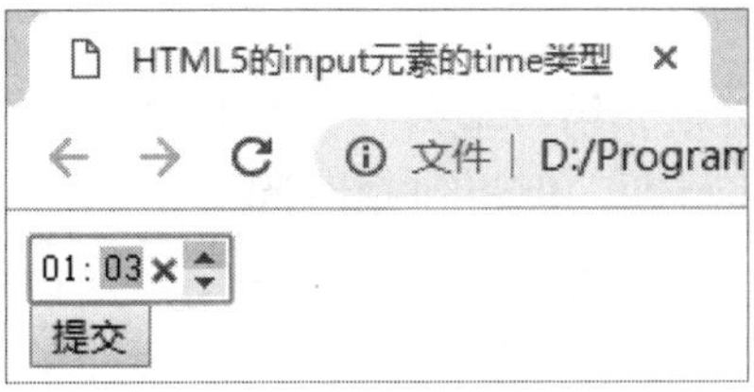

9.2.1.3　datetime 类型和 datetime-local 类型

datetime 类型使<input>元素生成一个 UTC 的日期时间选择器，但这种类型支持性不太好，此类型会降级显示为简单的<input type="text">控件。因此，这种类型不常用。

datetime-local 类型使<input>元素生成一个本地化的日期时间选择器，它的结果值包括年份、月份和日期、小时和分，但不包括秒数。相对来说，这种类型的支持性也做得一般，并且不同浏览器在输入方法上存在差异。通常会使用拆分为 date 类型和 time 类型的输入控件。

这两种类型同样可以通过 min 和 max 属性限制用户的可选日期范围。

```
示例代码：
<!DOCTYPE html>
<html>
    <head>
        <meta charset="utf-8">
        <title>HTML5 的 input 元素的 datetime-local 类型</title>
    </head>
    <body>
```

```
        <form action="" method="get">
            <input type="datetime-local" name="date" id="" value=""/><br />
            <input type="submit" id="" name="" />
        </form>
    </body>
</html>
```

运行结果如下图所示。

9.2.1.4 date 类型

<input type="date">元素可以让用户输入一个日期的输入区域，也可以使用日期选择器，它的结果值包括年份、月份和日期，但不包括时间。

另外，date 类型可以通过 min 和 max 属性限制用户的可选日期范围。

```
示例代码：
<!DOCTYPE html>
<html>
    <head>
        <meta charset="utf-8">
        <title>HTML5 的 input 元素的 date 类型</title>
    </head>
    <body>
        <form action="" method="get">
            <input type="date" name="date" id="" value="" max="2019-02-01"
min="2019-01-01"/><br />
            <input type="submit" id="" name="" />
        </form>
    </body>
</html>
```

运行结果如下图所示。

9.2.1.5 month 类型

month 类型可以使<input>元素生成一个月份选择器，它的结果值包括年份和月份，但不包括日期。

month 类型同样可以通过 min 和 max 属性限制用户的可选月份范围。

```
示例代码：
<!DOCTYPE html>
<html>
    <head>
        <meta charset="utf-8">
        <title>HTML5 的 input 元素的 month 类型</title>
    </head>
    <body>
        <form action="" method="get">
            <input type="month" name="month" id="" value="" min="2000-01"
max="2020-12"/><br />
            <input type="submit" id="" name="" />
        </form>
    </body>
</html>
```

运行结果如下图所示。

9.2.1.6 week 类型

week 类型可以使<input>元素生成一个选择第几周的选择器。它的结果通常显示为 yyyy-Www，如 2018-W01，表示 2018 年第一周。

week 类型同样可以通过 min 和 max 属性限制用户的可选周的范围。

```
示例代码：
<!DOCTYPE html>
<html>
    <head>
        <meta charset="utf-8">
        <title>HTML5 的 input 元素的 week 类型</title>
    </head>
    <body>
        <form action="" method="get">
            <input type="week" name="week" id="" value="" min="2020-W01" max="2020-W12"/><br />
            <input type="submit" id="" name="" />
        </form>
    </body>
</html>
```

运行结果如下图所示。

9.2.1.7 email 类型

email 类型会生成一个 E-mail 输入框，用户可以在这个输入框中输入一个 E-mail 地址。此外，如果指定了 multiple 属性，用户还可以输入多个 E-mail 地址，每个 E-mail 之间需要用英文逗号隔开。这个输入框在表单提交前，会自动验证输入值是否是一个或者多个合法的 E-mail 地址（非空值且符合 E-mail 的地址格式）。

```
示例代码：
<!DOCTYPE html>
<html>
    <head>
        <meta charset="utf-8">
        <title>HTML5 的 input 元素的 email 类型</title>
    </head>
    <body>
```

```
        <form action="" method="get">
            <input type="email" name="email" id="" value="" multiple=
"multiple"/> <br />
            <input type="submit" id="" name="" />
        </form>
    </body>
</html>
```

运行结果如下图所示。

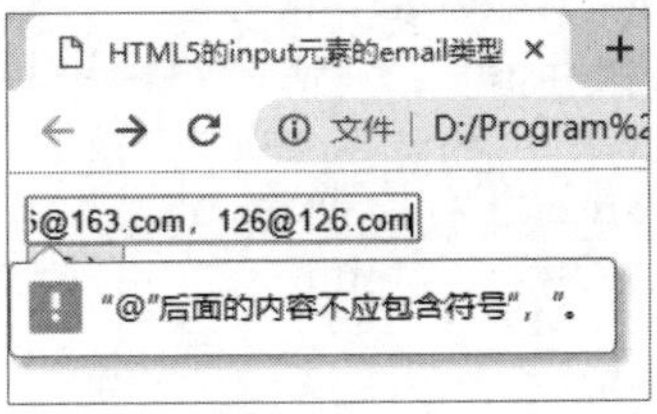

9.2.1.8 number 类型

number 类型生成一个只能输入数字的输入框，浏览器可能会为这个输入框提供步进箭头，使用户可以使用鼠标增加或者减少输入的值。可以使用 min 和 max 属性指定该字段可以具有的最小值和最大值，还可以使用 step 属性更改步长值（由一个数值到其相邻数值的增量）。

```
示例代码：
<!DOCTYPE html>
<html>
    <head>
        <meta charset="utf-8">
        <title>HTML5 的 input 元素的 number 类型</title>
    </head>
    <body>
        <form action="" method="get">
            <input type="number" name="number" id="" value="" max="100"
min="0" step="10"/><br />
            <input type="submit" id="" name="" />
        </form>
    </body>
</html>
```

运行结果如下图所示。

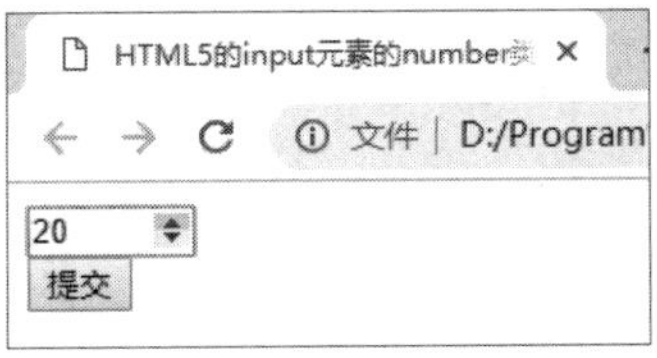

9.2.1.9 range 类型

range 类型生成一个拖动条，通过拖动条，用户只能输入指定范围、指定步长的值。同样，可以使用 min 和 max 属性指定该字段可以具有的最小值和最大值，使用 step 属性可以更改步长值。

```
示例代码：
<!DOCTYPE html>
<html>
    <head>
        <meta charset="utf-8">
        <title>HTML5 的 input 元素的 range 类型</title>
    </head>
    <body>
        <form action="" method="get">
            <input type="range" name="range" id="" value="" max="100"
min="0" step="10"/><br />
            <input type="submit" id="" name="" />
        </form>
    </body>
</html>
```

运行结果如下图所示。

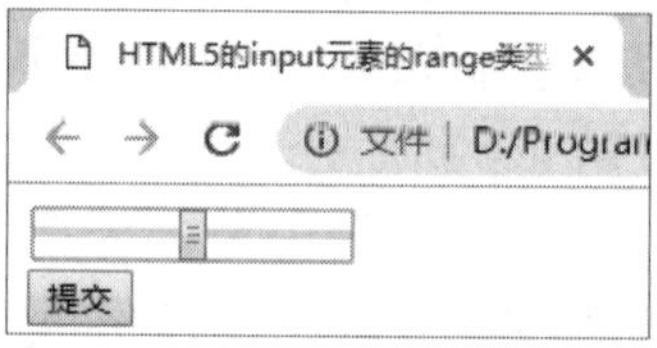

关于 range 类型的<input>，有时还会和 list 属性搭配使用。

```
示例代码：
<!DOCTYPE html>
<html>
    <head>
        <meta charset="utf-8">
        <title>HTML5 的 input 元素的 range 类型</title>
    </head>
    <body>
        <form action="" method="get">
            <input type="range" list="marks">
        </form>
        <datalist id="marks">
            <option value="0" />
            <option value="10" />
            <option value="20" />
            <option value="30" />
            <option value="40" />
            <option value="50" />
            <option value="60" />
            <option value="70" />
            <option value="80" />
            <option value="90" />
            <option value="100" />
```

```
        </datalist>
    </body>
</html>
```

运行结果如下图所示。

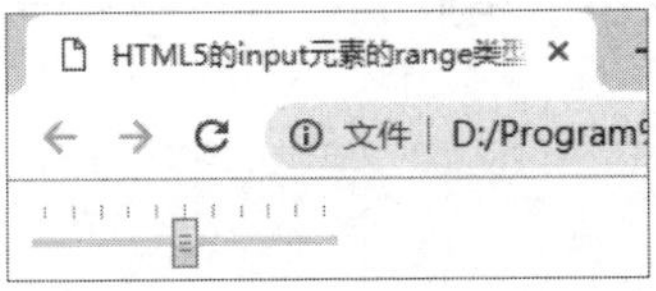

9.2.1.10 search 类型

search 类型会生成一个专门用于输入搜索关键字的文本框。目前，浏览器对该类型的处理与简单的<input type="text">控件相同，在使用上没有特别大的差别。但是，在移动浏览器上，某些浏览器厂商可能会选择搜索键盘。

```
示例代码:
<!DOCTYPE html>
<html>
    <head>
        <meta charset="utf-8">
        <title>HTML5 的 input 元素的 search 类型</title>
    </head>
    <body>
        <form action="" method="get">
            <input type="search" />
            <input type="submit" id="" name="" />
        </form>
    </body>
</html>
```

在手机浏览器点击输入框后，可以很清楚地看到，弹出的键盘右下角是“搜索”，如下图所示。

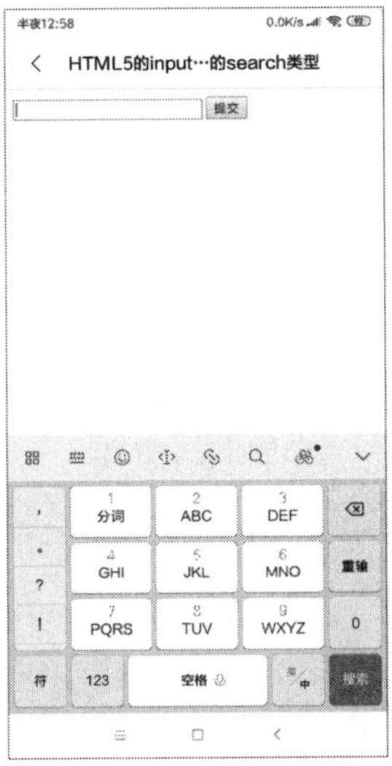

9.2.1.11　tel 类型

tel 类型会生成一个只能输入电话号码的文本框。因为世界各地的电话号码格式差别很大，所以浏览器一般不会对该字段进行过多的检查。其使用和简单的<input type="text">控件没有太大的差别。但是，在移动浏览器上，某些浏览器厂商可能会选择提供为输入电话号码而优化的自定义键盘。

```
示例代码：
<!DOCTYPE html>
<html>
    <head>
        <meta charset="utf-8">
        <title>HTML5 的 input 元素的 tel 类型</title>
    </head>
    <body>
        <form action="" method="get">
            <input type="tel"name="tel">
        </form>
    </body>
</html>
```

在手机浏览器点击输入框后，可以很清楚地看到，弹出的是数字键盘，如下图所示。

9.2.1.12　url 类型

url 类型会生成一个 URL 输入框，浏览器在提交表单前会自动检查用户输入的内容，如果不符合 URL 格式，则会阻止提交并且提示用户。

```
示例代码：
<!DOCTYPE html>
<html>
    <head>
        <meta charset="utf-8">
```

```
        <title>HTML5 的 input 元素的 url 类型</title>
    </head>
    <body>
        <form action="" method="get">
            <input type="url"name="url">
            <input type="submit" id="" name="" />
        </form>
    </body>
</html>
```

运行结果如下图所示。

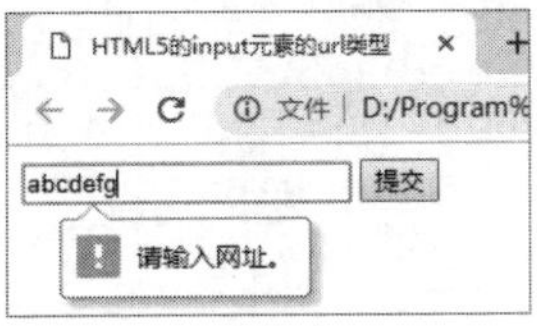

9.2.2 HTML5 新增的表单控件<output>

<output>元素用于表示计算或者用户操作的结果，可以更加明确地显示其他表单控件的值，如 range 类型的具体值、color 的具体值等。这样做的好处是使表单更加人性化。

```
示例代码：
<!DOCTYPE html>
<html>
    <head>
        <meta charset="utf-8">
        <title>HTML5 的 output 元素</title>
    </head>
    <body>
        <form action="" method="get"  oninput="x.value=parseInt(a.value)">
            0 <input type="range" id="a" value="50"> 100<br/>
            <output name="x" for="a">50</output>
        </form>
    </body>
</html>
```

运行结果如下图所示。

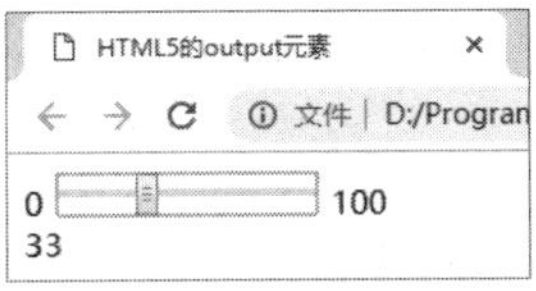

9.3 HTML5 表单控件新增的属性

HTML5 为表单控件增加了大量属性，有些属性在以前的 HTML 中需要 JavaScript 实现，这些属性在很大程度上减轻了 Web 前端工程师的工作量。

9.3.1 form 属性

前面提到过，在 HTML5 之前的规范中，所有的表单控件都必须放在<form>元素内部，表明该元素控件属于该表单，否则相应的参数可能会无法提交到服务器上。HTML5 为表单控件增加了 form 属性，用于表明该表单控件所属的表单，该属性的值是其所属表单的 id。这个属性可以使表单控件位于<form>元素之外，从而提高了灵活性。

```
示例代码：
<!DOCTYPE html>
<html>
    <head>
        <meta charset="utf-8">
        <title>HTML5 的 form 属性</title>
    </head>
    <body>
        <form id="login" action="" method="get">
            <label for="username">用户名：</label><input id="username" type=
"text" name="username" />
        </form>
        <label>密码：<input form="login" type="password" name="password" />
</label><br />
        <input form="login" type="submit" />
    </body>
</html>
```

运行结果如下图所示。

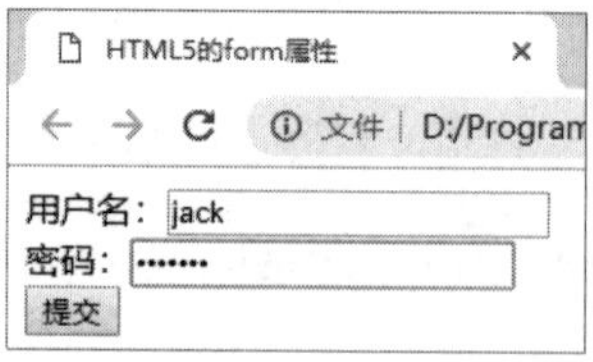

9.3.2 formaction 属性

在之前的 HTML 表单中，一个 form 只能有一个 action，对应一个提交按钮。如果遇到一个表单有两个或者两个以上的提交按钮，而且每个提交按钮需要提交的地址不同，则需要 JavaScript 实现。

以用户登录界面来说，用户可能有账号，所以单击提交表示登录，但用户也可能没有账号，需要单击提交表示注册，这样就出现了同一个表单两个 action。这时就需要根据单击的按钮，通过 JavaScript 动态地修改 action 实现想要的功能。

在 HTML5 中可以不用如此麻烦。针对 submit 类型的按钮，都可以配置 formaction 属性，将内容提交到不同的 action 即可。

```
示例代码：
<!DOCTYPE html>
<html>
    <head>
        <meta charset="utf-8">
        <title>HTML5 的 formaction 属性</title>
    </head>
    <body>
        <form id="login" action="" method="get">
            <label for="username"></label><input id="username" type="text"
name="username" placeholder="请输入用户名" /><br />
            <label><input type="password" name="password" autofocus=
"autofocus" placeholder="请输入密码" /></label><br />
            <input type="submit" formaction="login"/>
            <button type="submit" formaction="regist">注册</button><br />
        </form>
    </body>
</html>
```

运行结果如下图所示。

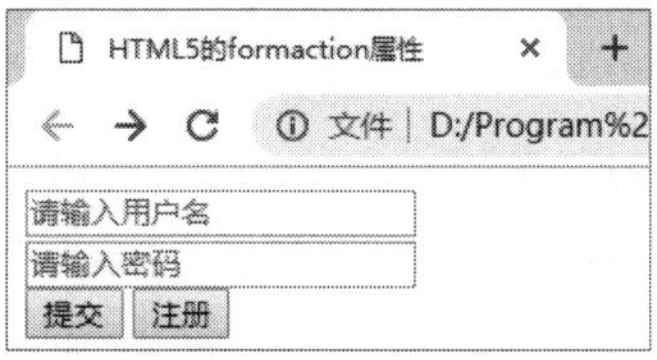

单击“提交”和“注册”按钮，获得的参数分别为 login?username=jack&password=123456 和 regist?username=jack&password=123456，这样就实现了不同 submit 类型的按钮对应不同的 action。

9.3.3　formmethod 属性

formmethod 属性的使用场景与 formaction 属性相同，可以实现不同的 submit 类型按钮用不同的 method 提交，使用方法与 formaction 相同。该属性的值只能是 get 或者 post。

```
示例代码：
<!DOCTYPE html>
<html>
    <head>
        <meta charset="utf-8">
        <title>HTML5 的 formmethod 属性</title>
    </head>
    <body>
        <form id="login" action="login" method="get">
            <label for="username"></label><input id="username" type="text"
name="username" placeholder="请输入用户名" /><br />
            <label><input type="password" name="password" autofocus=
"autofocus" placeholder="请输入密码" /></label><br />
```

```
            <input type="submit" formmethod="get"/>
            <input type="submit" formmethod="post"/>
        </form>
    </body>
</html>
```

运行结果如下图所示。

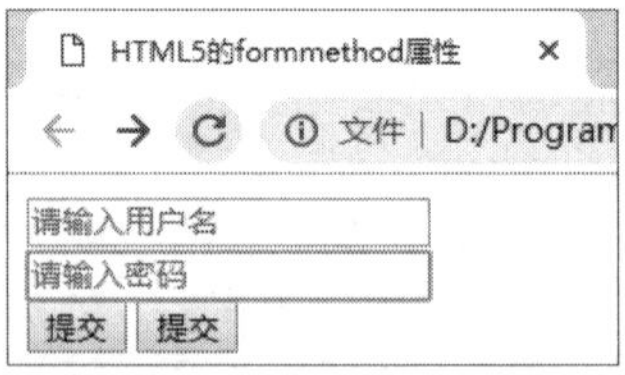

9.3.4 formenctype 属性

formenctype 属性的使用场景与 formaction 属性相同，可以实现不同的 submit 类型按钮用不同的 enctype 提交，使用方法与 formaction 相同。

```
示例代码：
<!DOCTYPE html>
<html>
    <head>
        <meta charset="utf-8">
        <title>HTML5 的 formenctype 属性</title>
    </head>
    <body>
        <form action="" method="post">
            <input type="text" name="username" placeholder="请输入用户名" /> <br />
            <input type="text" name="password" placeholder="请输入密码" /><br/>
            <button type="submit">提交</button>
            <button type="submit" formenctype="multipart/form-data"> 以 Multipart/form-data 类型提交</button>
        </form>
    </body>
</html>
```

运行结果如下图所示。

9.3.5 formtarget 属性

formtarget 属性的使用场景与 formaction 属性相同，可以实现不同的 submit 类型按钮用不同的 target 提交，使用方法与 formaction 相同。

```
示例代码：
<!DOCTYPE html>
<html>
    <head>
        <meta charset="utf-8">
        <title>HTML5 的 formtarget 属性</title>
    </head>
    <body>
        <form action="" method="post">
            <input type="text" name="username" placeholder="请输入用户名" />
<br />
            <input type="text" name="password" placeholder="请输入密码" /><br/>
            <button type="submit">提交</button>
            <button type="submit" formtarget="_blank">提交到新窗口</button>
        </form>
    </body>
</html>
```

运行结果如下图所示。

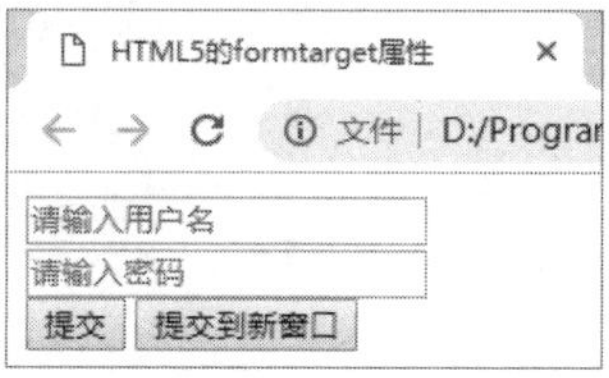

9.3.6　placeholder 属性

placeholder 属性主要用在文本框，该属性的作用是规定可描述输入字段预期值的简短的提示信息，该提示会在用户输入之前显示在文本框中，但在用户输入内容后消失，有些浏览器则是获得焦点后该提示便消失。在 HTML5 之前，该效果只能用 JavaScript 实现。

```
示例代码：
<!DOCTYPE html>
<html>
    <head>
        <meta charset="utf-8">
        <title>HTML5 的 placeholder 属性</title>
    </head>
    <body>
        <form id="login" action="" method="get">
            <label for="username"></label><input id="username" type="text"
name="username" placeholder="请输入用户名"/>
        </form>
        <label><input form="login" type="password" name="password"
autofocus= "autofocus" placeholder="请输入密码"/></label><br />
        <input form="login" type="submit" />
    </body>
</html>
```

运行结果如下图所示。

9.3.7 autocomplete 属性

为了完成表单的快速输入，浏览器一般提供了自动补全的功能选择。在用户填入的条目被保存的情况下，如果用户在表单再次输入相同的或者部分相同的信息时，浏览器会提示相关条目，从而快速完成表单的输入。但很多时候需要对客户的资料进行保密，防止浏览器软件或者恶意插件获取到。HTML5 新增加的 autocomplete 属性的默认值是 on，如果需要增加安全性，则可以在<input>中加入属性 autocomplete="off"。

```
示例代码：
<!DOCTYPE html>
<html>
    <head>
        <meta charset="utf-8">
        <title>HTML5 的 autocomplete 属性</title>
    </head>
    <body>
        <form action="" method="post">
            <input type="text" name="username" placeholder="请输入用户名" />
            <input type="text" name="password" placeholder="请输入密码" autocomplete="off"/>
            <button type="submit">提交</button>
        </form>
    </body>
</html>
```

运行结果如下图所示。

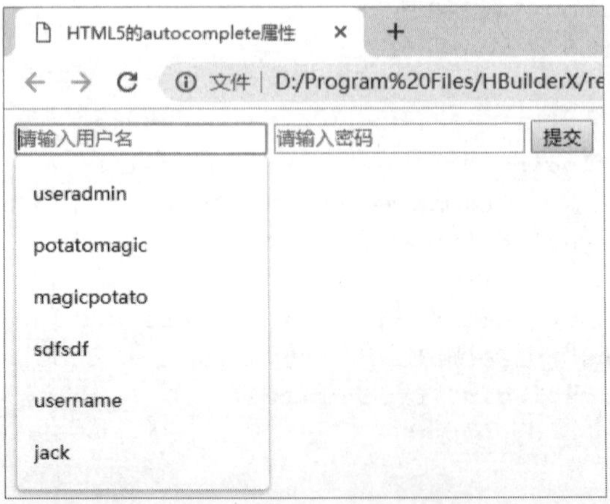

9.3.8　autofocus 属性

为某个表单控件增加 autofocus 属性后，如果浏览器打开这个页面，那么这个表单控件会自动获得焦点。它的属性值只能为 autofocus。

```
示例代码：
<!DOCTYPE html>
<html>
    <head>
        <meta charset="utf-8">
        <title>HTML5 的 autofocus 属性</title>
    </head>
    <body>
        <form id="login" action="" method="get">
            <label for="username">用户名：</label><input id="username" type="text" name="username" />
        </form>
        <label>密码：<input form="login" type="password" name="password" autofocus="autofocus"/></label><br />
        <input form="login" type="submit" />
    </body>
</html>
```

运行结果如下图所示。

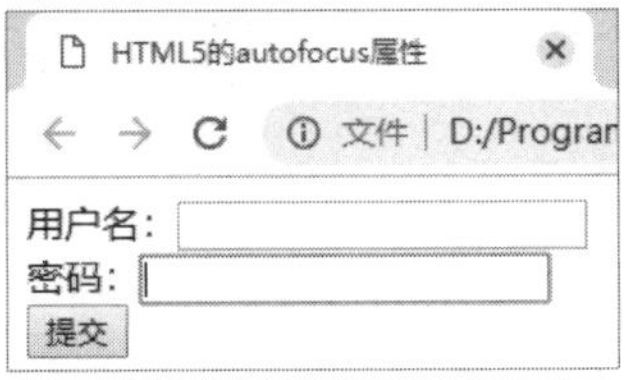

9.3.9　list 属性

list 属性为文本框指定一个可用的选项列表，当用户在文本框中输入信息时，会根据输入的字符自动显示下拉列表提示，供用户从中选择。大多数输入类型都支持 list 属性，list 属性要与一个<datalist>元素结合使用。

<datalist>元素用于定义一个选项列表。datalist 元素自身不会显示在页面上，而是为其他元素的 list 属性提供数据。当用户在文本框中输入信息时，会根据输入的字符自动显示下拉列表提示，供用户从中选择。

<datalist>元素的语法非常简单，与<select>元素的语法几乎完全相同，使用<datalist>元素创建下拉列表，使用<option>元素创建列表中的选项。

在实际使用时，只需将<input>元素的 list 属性值设置为<datalist>元素的 id 值，就可以实现<input >元素和<datalist>元素的关联。原则上，<datalist>元素可以放在页面上的任何地方，但建议将其与<input>元素放在一起。

```
示例代码：
<!DOCTYPE html>
<html>
    <head>
        <meta charset="utf-8">
        <title>HTML5 的 list 属性</title>
    </head>
    <body>
        <form id="login" action="" method="get">
            <label for="username"></label><input id="username" type="text" name="username" placeholder="请输入用户名" /><br />
            <label><input type="password" name="password" autofocus="autofocus" placeholder="请输入密码" /></label><br />
            <label><input type="text" list="location" placeholder="户口所在地" /></label><br />
            <input type="submit" />
        </form>
        <datalist id="location">
            <option value="Beijing">北京</option>
            <option value="Hebei">河北</option>
            <option value="Henan">河南</option>
            <option value="Shanxi">山西</option>
            <option value="Shandong">山东</option>
        </datalist>
    </body>
</html>
```

运行结果如下图所示。

9.3.10 pattern 属性

pattern 属性用于验证表单输入的内容。通常情况下，HTML5 的 type 属性，如 email、tel、number、url 等，已经自带了简单的数据格式验证功能，加上 pattern 属性后，验证就会更加高效。pattern 的属性值为正则表达式。需要注意的是，该属性在具有 novalidate 属性的<form>元素内不生效。

```
示例代码：
<!DOCTYPE html>
<html>
    <head>
        <meta charset="utf-8">
        <title>HTML5 的 pattern 属性</title>
    </head>
    <body>
        <form action="" method="post">
            <input type="text" name="username" placeholder="请输入用户名" /><br />
            <input type="password" name="password" placeholder="请输入密码" autocomplete="off"/><br />
            <input type="password" name="password" placeholder="请输入 pin 码" pattern="[0-9]*"/><br />
            <input type="tel" name="tel" placeholder="请输入手机号" pattern="(13[0-9]|14[5|7]|15[0|1|2|3|5|6|7|8|9]|18[0|1|2|3|5|6|7|8|9])\d{8}$"/><br />
            <input type="submit" id="" name="" />
        </form>
    </body>
</html>
```

运行结果如下图所示。

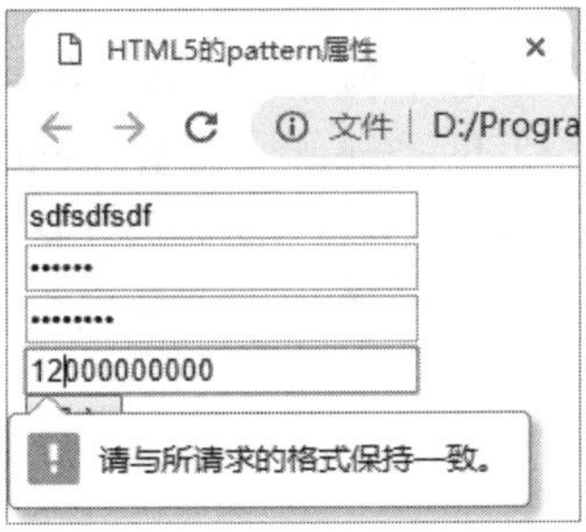

9.3.11　novalidate 属性

novalidate 属性规定，当提交表单时不对其进行验证。如果使用该属性，则表单不会验证表单的输入。novalidate 属性适用于<form>元素，以及以下类型的<input>标签：text、search、url、telephone、email、password、date pickers、range 和 color，还具有 pattern 或者 required 属性的<input>标签。该属性的属性值只有 novalidate。

```
示例代码：
<!DOCTYPE html>
<html>
    <head>
        <meta charset="utf-8">
        <title>HTML5 的 novalidate 属性</title>
    </head>
    <body>
```

```
        <form action="" method="post" novalidate="novalidate">
            <input type="text" name="username" placeholder="请输入用户名"/>
<br />
            <input type="password" name="password" placeholder="请输入密码"
autocomplete="off" /><br />
            E-mail: <input type="email" name="email" />
            <input type="submit" id="" name="" />
        </form>
    </body>
</html>
```

运行结果如下图所示。

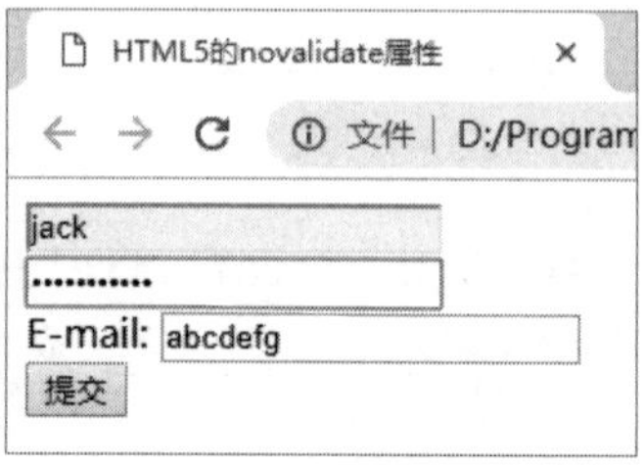

由于设置了 novalidate 属性，上图中单击“提交”是可以成功提交的。

9.3.12 required 属性

required 属性规定必须在提交之前填写输入字段。如果使用该属性，则字段是必填（或者必选）的。required 属性适用于以下 <input> 类型：text、search、url、telephone、email、password、date pickers、number、checkbox、radio 及 file，其属性值只能为 required。需要注意的是，该属性在具有 novalidate 属性的<form>元素内不生效。

```
示例代码：
<!DOCTYPE html>
<html>
    <head>
        <meta charset="utf-8">
        <title>HTML5 的 required 属性</title>
    </head>
    <body>
        <form action="" method="post">
            <input type="text" name="username" placeholder="请输入用户名"
required="required" /><br />
            <input type="password" name="password" placeholder="请输入密码"
required="required" /><br />
            <input type="submit" id="" name="" />
        </form>
    </body>
</html>
```

运行结果如下图所示。

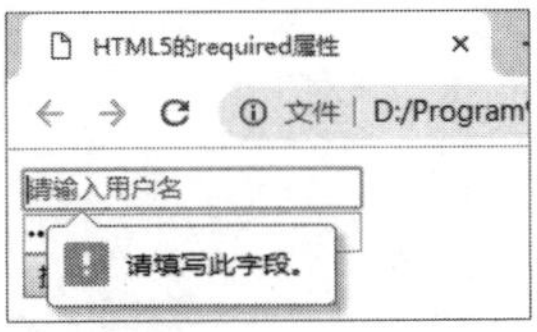

9.3.13 <textarea>新增 maxlength 属性和 wrap 属性

HTML5 针对多行文本框<textarea>元素新增了以下两个属性。

- maxlength：用于规定文本区域的最大字符数。
- wrap：属性默认值为 soft，这种情况下，在表单中提交时，<textarea>中的文本不换行。当提交表单时，如果 wrap="hard"，则提交的文本会包含换行符（如果有换行符）。

```
示例代码：
<!DOCTYPE html>
<html>
    <head>
        <meta charset="utf-8">
        <title>HTML5 的 textarea 元素新增属性</title>
    </head>
    <body>
        <form action="" method="get">
            <textarea name="text" rows="5" cols="5" wrap="hard"></textarea>
            <input type="submit" id="" name="" />
        </form>
    </body>
</html>
```

运行结果如下图所示。

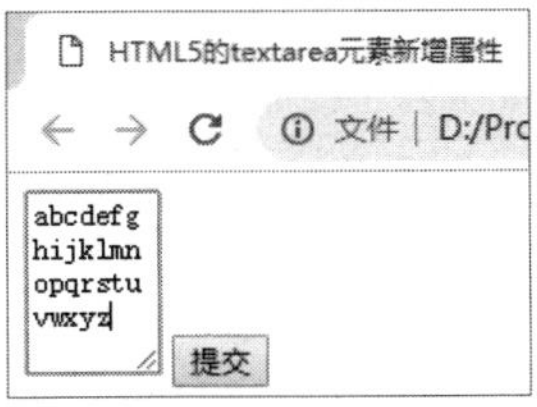

当 wrap="hard"时，提交的参数会显示：

text=abcdefg%0D%0Ahijklmn%0D%0Aopqrstu%0D%0Avwxyz

其中，%0D%0A 是换行符。

当 wrap="soft"时，提交的参数会显示：

text=abcdefghijklmnopqrstuvwxyz

9.4 本章小结

本章主要介绍了 HTML5 表单，以及表单控件相关的元素和属性；同时，重点介绍了 HTML5 新增的 input 类型、属性，以及浏览器校验方面的知识。

第 10 章 CSS3 新增选择器

学习任务

【任务 1】了解 CSS3 的历史及现状；

【任务 2】熟练掌握 CSS3 新增的选择器。

学习路线

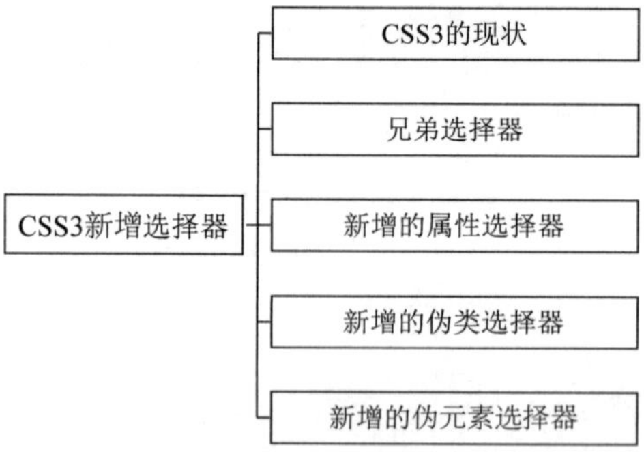

10.1 CSS3 简介

CSS3 是最新的 CSS 标准。我们现在说的 CSS3，指的是那些在 CSS 2.1 之后发布的所有东西。CSS 很早已经开始被分割成多个独立的模块，每个模块可以独立分级，每个模块只包含一小部分功能，所以某个进展缓慢的功能模块不会拖慢整个规范的制定工作。

在 https://drafts.csswg.org/中可以查看 CSS 官方文档，CSS3 现在还在发展中，有一些东西已经到了 level 4。开发者在使用 CSS3 规范时，需要注意某些浏览器对 CSS3 的支持性不太好，如 IE。

在 https://css3clickchart.com/中可以查看某一特性在浏览器中的兼容性。测试的浏览器包括桌面端（如 Chrome、Firefox、IE、Opera、Safari）和移动端（如 Apple、Android、Opera mobile、Chrome mobile、Firefox mobile）。浏览器图标显示绿色则表明可以兼容，显示红色则表明无法兼容，显示黄色则表明部分兼容。若想查找某些特性模块关于浏览器兼容性的详细资料，可登录 https://caniuse.com/（这是一个检测浏览器对 JS、HTML5、CSS、SVG 或者其他 Web 前端相关特性支持程度的列表的网站）进行查询，在搜索框中输入想要查询的属性名称，则会显示该属性在所有浏览器中的兼容性，并告知用户哪些浏览器支持该属性，哪些不支持。

CSS3 的优势是能够使网站变得非常炫酷。CSS 3.0 能够代替之前需要用 JavaScript、jQuery 才能实现的交互效果，可以为用户带来更好的体验，特别是针对移动端界面。另外，使用 CSS3 还能减少开发和维护成本。例如，之前想在网页中增加一个圆角效果，通常选取一张背景图片或者多张图片实现此效果，过程繁杂；而在 CSS3 中仅通过添加属性模块就可以轻松实现该效果。

CSS3 将完全向后兼容，所以没有必要修改现在的设计以使它们继续运作。浏览器也还将继续支持 CSS2。所以，CSS3 主要的影响是可以使用新的可用的选择器和属性，这些允许实现新的设计效果（如动态和渐变），而且可以很简单地设计出现在的设计效果（如使用分栏）。

在实际开发中，一个好的前端开发是以渐进增强和优雅降级的思想进行设计与开发的，即在编写页面时首先要保证核心功能一定能实现，使任何低端浏览器看到主要内容即可；而对比较高级的浏览器，则可以使用 CSS3 中提供的新特性模块实现高级功能，从而为用户带来更好的体验。

10.2　兄弟选择器

兄弟选择器和 CSS2 中的相邻兄弟选择器是不一样的。相邻兄弟选择器是指两个元素相邻，拥有同一个父元素；兄弟选择器是第一个元素之后，所有的元素 2 都会被选择，且这些元素和第一个元素拥有同一个父元素，两个元素之间不一定要相邻，写作格式如下：

元素 1~元素 2 {property1:value1; property2:value2; property3:value3; …}

```
示例代码:
<!DOCTYPE html>
<html>
    <head>
        <meta http-equiv="content-type" content="text/html; charset=utf-8">
        <title>CSS 兄弟选择器</title>
    </head>
    <style type="text/css">
        h2~p {
            color: red;
        }
```

```
    </style>
    <body>
        <h1>一级标题</h1>
        <p>这里不会变色</p>
        <h2>二级标题</h2>
        <p>这里会变色</p>
        <h3>三级标题</h3>
        <p>这里也会变色</p>
        <div>
            <p>这里在 div 内部，与 h2 元素不是同一个父元素，不会变色</p>
        </div>
    </body>
</html>
```

运行结果如下图所示。

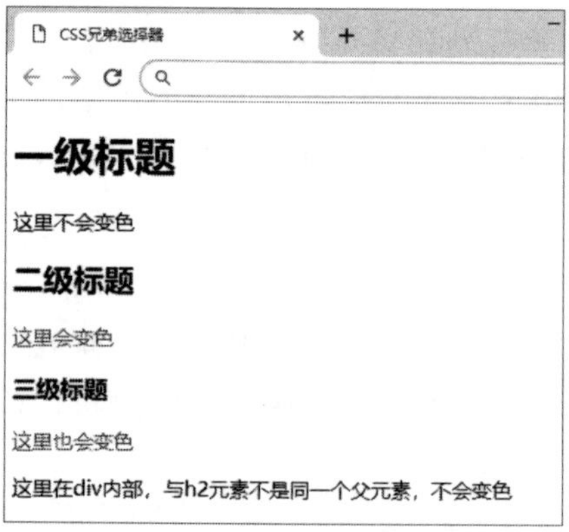

10.3 新增的属性选择器

CSS3 新增了 3 种属性选择器，如下表所示。

属性选择器	描　　述
E[attribute^=value]	用于选取带有以指定值开头的属性值的元素
E[attribute$=value]	用于选取属性值以指定值结尾的元素
E[attribute*=value]	用于选取属性值中包含指定值的元素，位置不限，也不限制整个单词

```
<!DOCTYPE html>
<html>
    <head>
        <meta http-equiv="content-type" content="text/html; charset=utf-8">
        <title>属性选择器</title>
        <style type="text/css">
            td[lang] {
                color: red;
            }
```

```
        td[title="a"] {
            color: red;
        }

        td[title~="c"] {
            color: red;
        }

        td[title|="h"] {
            color: red;
        }

        td[title^="l"] {
            color: red;
        }

        td[title$="o"] {
            color: red;
        }

        td[title*="x"] {
            color: red;
        }
    </style>
</head>
<body>
    <big><b>有 lang 属性的 td 元素会被选择</b></big>
    <table border="1">
        <tr>
            <td>th[lang]</td>
            <td>无属性</td>
            <td lang="">lang=""</td>
            <td lang="en">lang="en"</td>
            <td lang="cn">lang="cn"</td>
        </tr>
    </table>
    <br />
    <big><b>title 属性值为 a 的 td 元素会被选择</b></big>
    <table border="1">
        <tr>
            <td>[title="a"]</td>
            <td>无属性</td>
            <td title="a">title="a"</td>
            <td title="a b">title="a b"</td>
            <td title="ab">title="ab"</td>
            <td title="ba">title="ba"</td>
        </tr>
```

```
        </table>
        <br />
        <big><b>title 属性值包含“c,且 c 前后只能有空格”的 td 元素会被选择</b></big>
        <table border="1">
            <tr>
                <td>[title~="c"]</td>
                <td>无属性</td>
                <td title="c">title="c"</td>
                <td title="c d">title="c d"</td>
                <td title="c-d">title="c-d"</td>
                <td title="cd">title="cd"</td>
                <td title="d c">title="d c"</td>
                <td title="dc">title="dc"</td>
            </tr>
        </table>
        <br />
        <big><b>title 属性值为“h 开头，且 h 只能为独立单词，后面可跟连字符”的 td 元
素会被选择</b></big>
        <table border="1">
            <tr>
                <td>[title|="h"]</td>
                <td>无属性</td>
                <td title="h">title="h"</td>
                <td title="h i">title="h i"</td>
                <td title="h-i">title="h-i"</td>
                <td title="hi">title="hi"</td>
                <td title="i h">title="i h"</td>
                <td title="i h j">title="i h j"</td>
            </tr>
        </table>
        <br />
        <big><b>title 属性值为“l 开头”的 td 元素会被选择</b></big>
        <table border="1">
            <tr>
                <td>[title^="l"]</td>
                <td>无属性</td>
                <td title="l">title="l"</td>
                <td title="l m">title="l m"</td>
                <td title="l-m">title="l-m"</td>
                <td title="lm">title="lm"</td>
                <td title="m l">title="m l"</td>
                <td title="m l n">title="m l n"</td>
            </tr>
        </table>
        <br />
        <big><b>title 属性值为“o 结尾”的 td 元素会被选择</b></big>
        <table border="1">
```

```
            <tr>
                <td>[title$="o"]</td>
                <td>无属性</td>
                <td title="o">title="o"</td>
                <td title="o p">title="o p"</td>
                <td title="o-p">title="o-p"</td>
                <td title="op">title="op"</td>
                <td title="p o">title="p o"</td>
                <td title="p-o">title="p-o"</td>
                <td title="po">title="po"</td>
            </tr>
        </table>
        <br />
        <big><b>title 属性值“包含 x”的 td 元素会被选择</b></big>
        <table border="1">
            <tr>
                <td>[title*="x"]</td>
                <td>无属性</td>
                <td title="x">title="x"</td>
                <td title="y">title="y"</td>
                <td title="x y">title="x y"</td>
                <td title="x-y">title="x-y"</td>
                <td title="xy">title="yx"</td>
                <td title="y x">title="y x"</td>
                <td title="y-x">title="y-x"</td>
                <td title="yx">title="yx"</td>
            </tr>
        </table>
    </body>
</html>
```

运行结果如下图所示。

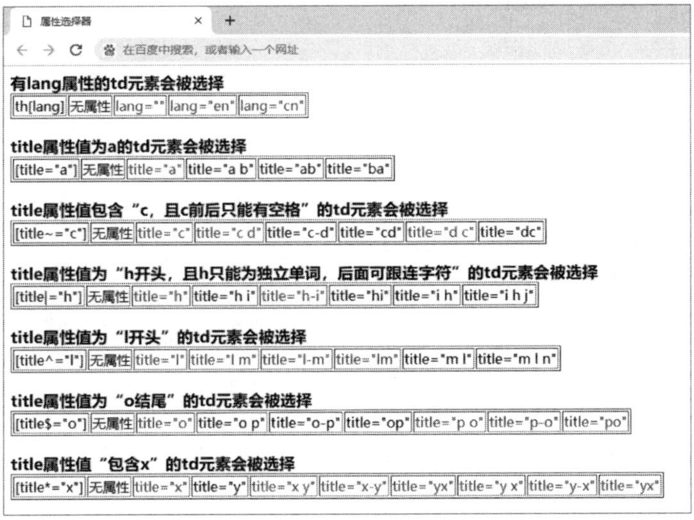

10.4 新增的伪类选择器

CSS3 新增了一批伪类选择器，如下表所示。

伪 类 名	含 义
:root	选择文档的根元素，在 HTML 中永远是<html>元素
:last-child	向元素添加样式，且该元素是它的父元素的最后一个子元素
:nth-child(n)	向元素添加样式，且该元素是它的父元素的第 n 个子元素
:nth-last-child(n)	向元素添加样式，且该元素是它的父元素的倒数第 n 个子元素
:only-child	向元素添加样式，且该元素是它的父元素的唯一子元素
:first-of-type	向元素添加样式，且该元素是同级同类型元素中第一个元素
:last-of-type	向元素添加样式，且该元素是同级同类型元素中最后一个元素
:nth-of-type(n)	向元素添加样式，且该元素是同级同类型元素中第 n 个元素
:nth-last-of-type(n)	向元素添加样式，且该元素是同级同类型元素中倒数第 n 个元素
:only-of-type	向元素添加样式，且该元素是同级同类型元素中唯一的元素
:empty	向没有子元素（包括文本内容）的元素添加样式

```
示例代码：
<!DOCTYPE html>
<html>
    <head>
        <meta http-equiv="content-type" content="text/html; charset=utf-8">
        <title>伪类选择器</title>
        <style type="text/css">
            :root {
                font-size: 30px;
            }

            li:last-child {
                color: red;
            }

            li:nth-child(3) {
                color: green;
            }

            li:nth-last-child(3) {
                color: blue;
            }

            li:only-child {
                color: aqua;
            }
```

```
        li:first-of-type {
            font-size: 40px;
        }

        li:last-of-type {
            font-size: 50px;
        }

        li:nth-of-type(3) {
            font-size: 60px;
        }

        li:nth-last-of-type(3) {
            font-size: 70px;
        }

        li:only-of-type {
            font-size: 80px;
        }
        :empty{
            background-color:red;
            width: 100px;
            height: 30px;
        }
    </style>
</head>
<body>
    <ul style="float: left;">
        <li>春</li>
        <li>色</li>
        <li>满</li>
        <li>园</li>
        <li>四</li>
        <li>海</li>
        <li>花</li>
        <li>团</li>
        <li>锦</li>
        <li>簇</li>
    </ul>

    <ul style="float: left; list-style-type: none;">
        <li>九州同乐</li>
    </ul>

    <ul style="float: left; list-style-type: square;">
        <li>龙</li>
        <li>行</li>
        <li>天</li>
```

```
            <li>下</li>
            <li>五</li>
            <li>湖</li>
            <li>唱</li>
            <li>响</li>
            <li>吉</li>
            <li>祥</li>
        </ul>

        <p style="clear: both;">
            春联，又称“春贴”“门对”和“对联”。
        </p>
        <p></p>
    </body>
</html>
```

运行结果如下图所示。

10.5 新增的伪元素选择器

CSS3 新增了一批伪元素选择器，如下表所示。

伪 元 素 名	含　义
:enabled	向当前处于可用状态的元素添加样式，通常用于定义表单的样式或者超链接的样式
:disabled	向当前处于不可用状态的元素添加样式，通常用于定义表单的样式或者超链接的样式
:checked	向当前处于选中状态的元素添加样式
:not(selector)	向不是 selector 元素的元素添加样式
:target	向正在访问的锚点目标元素添加样式
::selection	向用户当前选取内容所在的元素添加样式

示例代码：

```
<!DOCTYPE html>
<html>
    <head>
        <meta http-equiv="content-type" content="text/html; charset=utf-8">
        <title>伪元素选择器</title>
        <style type="text/css">
            :enabled {
                font-family: "隶书";
            }

            :disabled {
                font-family: "楷体";
                font-size: 30px;
            }

            :checked {
                outline: aqua dashed 3px;
            }

            p:not(.black) {
                color: blue
            }

            :target {
                border: 3px red dashed;
            }

            ::selection {
                color: red;
            }
        </style>
    </head>
    <body>
        <p><a href="#content1">跳转至内容 1</a></p>
        <p><a href="#content2">跳转至内容 2</a></p>
        <h1 id="content1">内容 1</h1>
        <input type="button" value="可用标准按钮" />
        <input type="button" value="不可用按钮" disabled="disabled" />
        <br />
        <input type="checkbox" name="" id="" value="" />
        <input type="checkbox" name="" id="" value="" />
        <h1 id="content2">内容 2</h1>
        <p class="black">用一句话概括一下您有什么特长？</p>
        <p>用一句话概括一下您有什么特长？</p>
        <p>用一句话概括一下您有什么特长？</p>
        <p class="black">用一句话概括一下您有什么特长？</p>
```

```
    </body>
</html>
```

运行结果如下图所示。

10.6 本章小结

本章介绍了 CSS3 新增的选择器，需要重点掌握的是属性选择器、伪类选择器、伪元素选择器。掌握了选择器，才能更好地模块化编写 CSS 代码。

第 11 章 CSS3 新增属性

学习任务

熟练掌握 CSS3 新增属性。

学习路线

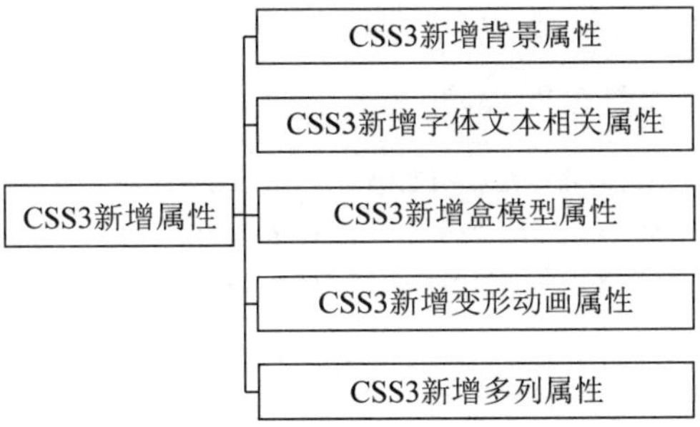

11.1 CSS3 新增背景属性

CSS3 新增了一些背景属性，如下表所示。

属　性	含　义	属 性 值	继 承
background-clip	设置背景覆盖范围	border-box/padding-box/content-box	否
background-origin	设置背景覆盖的起点	border-box/padding-box/content-box	否
background-size	设置背景的大小	cover/contain/长度/百分比	否

11.1.1 background-clip

background-clip 设置背景覆盖范围，它的属性值有以下 3 种。

- border-box：背景显示区域到边框，默认值。
- padding-box：背景显示区域到内边距框。
- content-box：背景显示区域到内容框。

其显示区域的具体划分可以参考 CSS 盒模型。

```
示例代码:
<!DOCTYPE html>
<html>
    <head>
        <meta http-equiv="content-type" content="text/html; charset=utf-8">
        <title>background-clip</title>
        <style type="text/css">
            div{
                width: 100px;
                height: 100px;
                padding: 20px;
                border: 5px dashed;
                float: left;
                margin: 5px;
                background: red;
            }
        </style>
    </head>
    <body>
        <div></div>
        <div style="background-clip: border-box;">正文</div>
        <div style="background-clip: padding-box;">正文</div>
        <div style="background-clip: content-box;">正文</div>
    </body>
</html>
```

运行结果如下图所示。

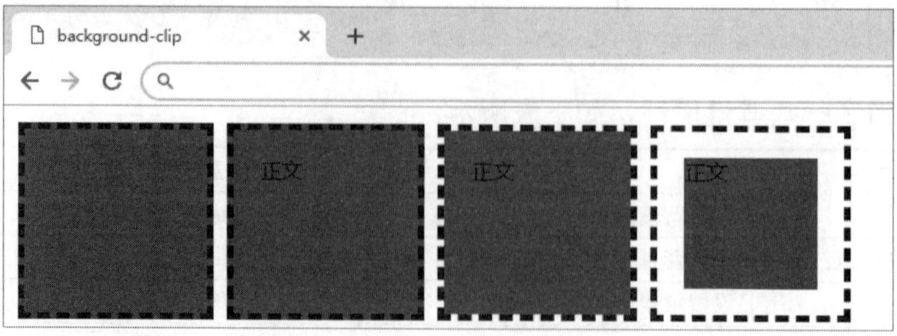

11.1.2 background-origin

在浏览器上，需要改写成-webkit-background-origin 才能正常使用，在 CSS3 中增加了大量的浏览器专用属性，大体上可以划分为 4 种，如下表所示。

前 缀	浏 览 器	示 例	说 明
-ms-	IE	-ms-animation	IE 专属 CSS 属性
-moz-	Firefox	-moz-animation	基于 Gecko 内核专属属性
-o-	Opera	-o-link	Opera 专属属性
-webkit-	Chrome	-webkit-background-origin	基于 Webkit 内核专属属性

background-origin 属性值与 background-clip 相同，表示背景覆盖的起点，但在使用过程中，由于背景会横向纵向重复，像纯色的背景，是看不出差别的。background-origin 属性值如下。

- border-box：背景起点在边框的左上角。
- padding-box：背景起点在内边距框的左上角，默认值。
- content-box：背景起点在内容框的左上角。

```
示例代码：
<!DOCTYPE html>
<html>
    <head>
        <meta http-equiv="content-type" content="text/html; charset=utf-8">
        <title>background-origin</title>
        <style type="text/css">
            div {
                width: 100px;
                height: 100px;
                padding: 20px;
                border: 5px dashed;
                float: left;
                margin: 5px;
                background-image: url(book.png);
            }
        </style>
    </head>
    <body>
        <div></div>
        <div style="-webkit-background-origin: border-box;;">正文</div>
        <div style="-webkit-background-origin: padding-box;">正文</div>
        <div style="-webkit-background-origin: content-box;">正文</div>
        <br style="clear: both;" />
        <div style="background-repeat: no-repeat;"></div>
        <div style="-webkit-background-origin: border-box; background-repeat: no-repeat;">正文</div>
        <div style="-webkit-background-origin: padding-box; background-repeat: no-repeat;">正文</div>
        <div style="-webkit-background-origin: content-box; background-repeat: no-repeat;">正文</div>

    </body>
</html>
```

运行结果如下图所示。

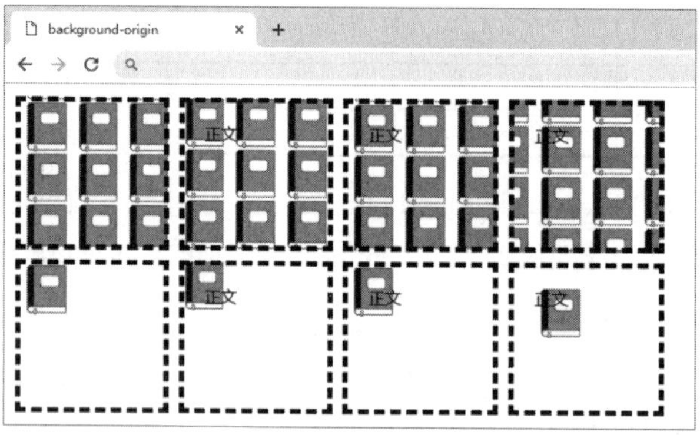

11.1.3 background-size

background-size用于设置背景的大小，默认值是auto。可以给定长度、百分比，如果长度/百分比这种具体的数值只给定一个，表示高度使用auto；还可以使用cover（图像拉伸到最大完全覆盖区域，可能会有一部分显示不全）和contain（将图像扩展至最大尺寸，以使其宽度和高度完全适应内容区域）。

```
示例代码：
<!DOCTYPE html>
<html>
    <head>
        <meta http-equiv="content-type" content="text/html; charset=utf-8">
        <title>background-size</title>
        <style type="text/css">
            div {
                width: 120px;
                height: 80px;
                border: 5px dashed;
                float: left;
                margin: 5px;
                background-image: url(book.png);
            }
        </style>
    </head>
    <body>
        <div></div>
        <div style="background-size: 30px;"></div>
        <div style="background-size: 30px 60px;"></div>
        <div style="background-size: 30%;"></div>
        <div style="background-size: cover;"></div>
        <div style="background-size: contain;"></div>
    </body>
</html>
```

运行结果如下图所示。

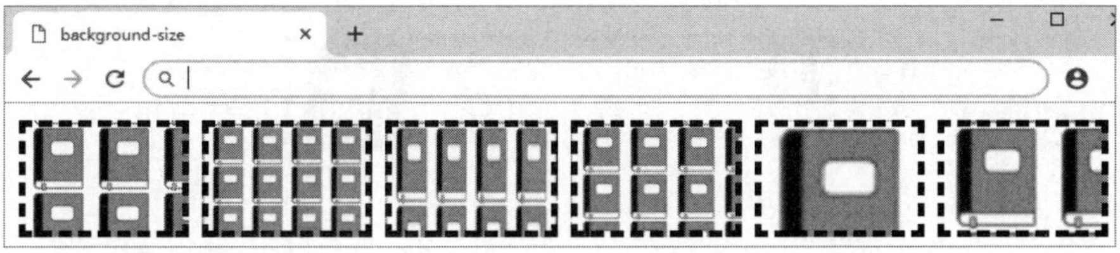

11.1.4　多背景图片

在 CSS3 之前，每个元素只能指定一个背景，如果同时指定背景图片和背景颜色，背景图片会覆盖背景颜色。为了解决多背景图片问题，CSS3 修改了背景的所有参数，将原有参数扩展成可以输入多个属性值，并用逗号隔开。

```
示例代码：
<!DOCTYPE html>
<html>
    <head>
        <meta http-equiv="content-type" content="text/html; charset=utf-8">
        <title>多背景图片</title>
        <style type="text/css">
            div {
                width: 400px;
                height: 400px;
                border: 5px dashed;
                float: left;
                margin: 5px;
                background-image: url(book.png), url(book.png), url(book.png),
url(book.png);
                background-repeat: no-repeat, no-repeat, no-repeat, no-repeat;
                background-position: left top, right top, left bottom, right
bottom;
                background-size: auto, 100px, 150px, 200px;
            }
        </style>
    </head>
    <body>
        <div></div>
    </body>
</html>
```

运行结果如下图所示。

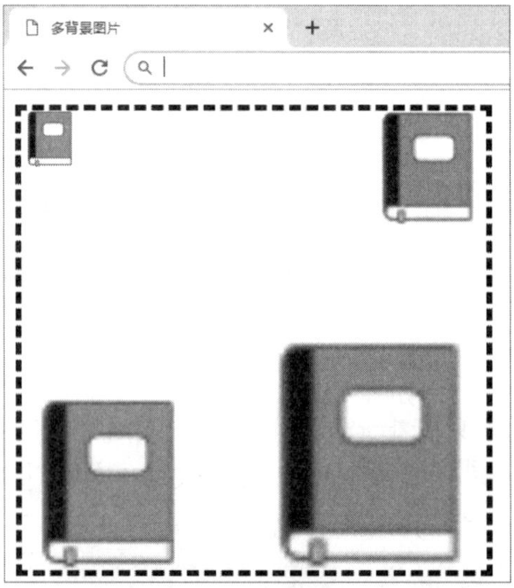

11.2 CSS3 新增字体文本相关属性

11.2.1 CSS3 新增使用服务器字体

CSS3 之前都只能使用本地字体，开发者如果想使用字体，往往需要写一个字体优先表。但即便如此，也会遇到用户端哪种字体都没有的极端情况。为了改善这种情况，CSS3 增加了使用服务器字体的属性，支持的字体文件格式有 ttf 和 otf 两种，基本格式如下：

```
@font-face {
font-family: 字体名称;
src: url(字体文件 url), local(该字体在本地的名称);
}
```

定义的字体名称，在其他地方直接使用作为 font-family 的参数值即可。浏览器在解析该字体名称时，优先使用客户端的字体，找不到时才会使用服务器字体，这样可以减轻服务器的压力，并节省用户的流量。

11.2.2 CSS3 新增文本属性

CSS3 新增了一些文本属性，如下表所示。

属　性	含　义	属 性 值	继　承
text-overflow	设置当文本溢出元素框时的处理方式	clip/ellipsis	否
word-break	规定自动换行的方式	normal/break-all/keep-all	是
word-wrap	规定单词的换行方式	normal/break-word	是

11.2.2.1 text-overflow

text-overflow 用于设置当文本超过元素框大小时的处理方式，该属性需要配合 overflow:hidden 和 white-space:nowrap 才能生效，CSS 提供了两种处理方式。

- clip：裁剪文本内容，默认值。
- ellipsis：显示省略号，用于代替被裁剪的文本内容。

```
示例代码：
<!DOCTYPE html>
<html>
    <head>
        <meta http-equiv="content-type" content="text/html; charset=utf-8">
        <title>CSS 新增文本属性</title>
    </head>
    <body>
        <p style="width: 200px;height: 30px;border: 1px solid; overflow:hidden;
text-overflow: clip; white-space:nowrap;">CSS3 是最新的 CSS 标准。我们现在说的 CSS3,
指的是那些在 CSS 2.1 之后发布的所有东西。CSS 很早就开始被分割成多个独立的模块，每个模块可以
独立分级，每个模块只包含了一小部分的功能。</p>
        <p style="width: 200px;height: 30px;border: 1px solid; overflow:
hidden; text-overflow: ellipsis; white-space:nowrap;">CSS3 是最新的 CSS 标准。我
们现在说的 CSS3，指的是那些在 CSS 2.1 之后发布的所有东西。CSS 很早就开始被分割成多个独立的
模块，每个模块可以独立分级，每个模块只包含了一小部分的功能。</p>
    </body>
</html>
```

运行结果如下图所示。

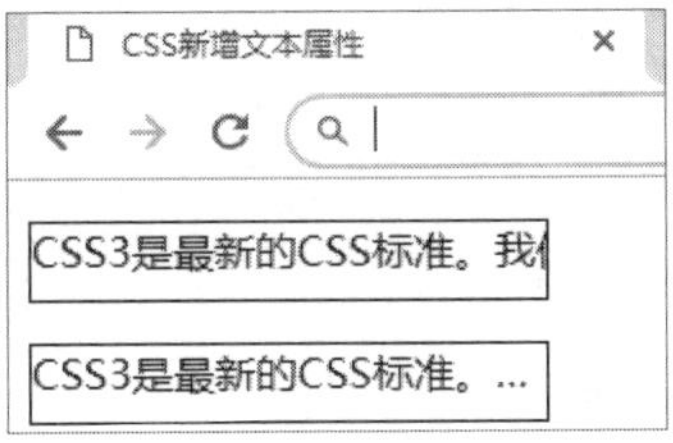

11.2.2.2 word-break

word-break 用于设置自动换行的处理方式，它的属性值可以设置成 normal（默认值，使用浏览器默认的换行规则）、break-all（等同于使用了 word-wrap:break-word，允许在单词内换行）、keep-all（只能在半角空格或者连字符处换行，通常用在中文、日文、韩文等全角字符语言中）。

11.2.2.3 word-wrap

word-wrap 用于设置长单词是否允许换行显示到下一行，它的属性值可以设置成 normal（默认值，表示只在允许的断字点换行）、break-word（可以在长单词或者 URL 中间换行）。

```
示例代码：
<!DOCTYPE html>
<html>
    <head>
        <meta http-equiv="content-type" content="text/html; charset=utf-8">
        <title>CSS 新增文本属性</title>
    </head>
```

```
        <body>
            <p style="width: 200px;height: 30px;border: 1px solid; overflow:hidden;
text-overflow: clip; white-space:nowrap;">CSS3 是最新的 CSS 标准。我们现在说的 CSS3,
指的是那些在 CSS 2.1 之后发布的所有东西。CSS 很早就开始被分割成多个独立的模块，每个模块可以
独立分级，每个模块只包含了一小部分的功能。</p>
            <p style="width: 200px;height: 30px;border: 1px solid; overflow:
hidden; text-overflow: ellipsis; white-space:nowrap;">CSS3 是最新的 CSS 标准。我
们现在说的 CSS3，指的是那些在 CSS 2.1 之后发布的所有东西。CSS 很早就开始被分割成多个独立的
模块，每个模块可以独立分级，每个模块只包含了一小部分的功能。</p>

            <p style="width:11em;border:1px solid;">This is a veryveryveryvery
veryveryveryveryveryvery long paragraph.</p>
            <p style="width:11em;border:1px solid;word-break:break-all;">This
is a veryveryveryveryveryveryveryveryveryvery long paragraph.</p>
            <p style="width:11em;border:1px solid;word-break:keep-all;">This
is a veryveryveryveryveryveryveryveryveryvery long paragraph.</p>
            <p style="width:11em;border:1px solid;word-break:keep-all;">CSS 很
早就开始被分割成多个独立的模块，CSS 很早就 开始被分割成多个独立的模块</p>

            <p style="width:11em;border:1px solid;word-wrap:break-word;">This
is a veryveryveryveryveryveryveryveryveryvery long paragraph.</p>
        </body>
    </html>
```

运行结果如下图所示。

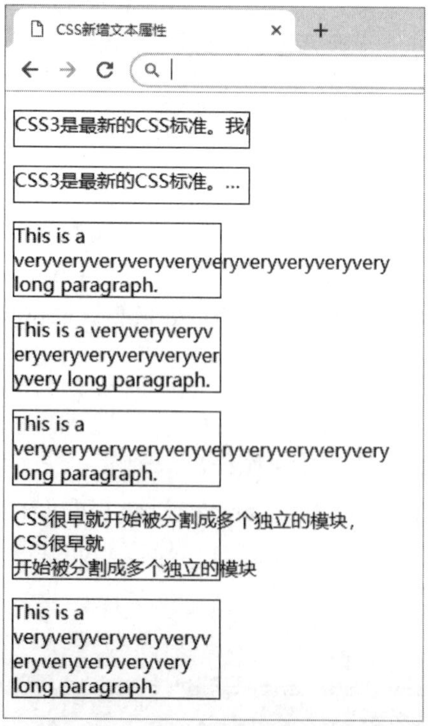

11.3 CSS3 新增盒模型属性

CSS3 新增了一些盒模型属性，如下表所示。

属 性		含 义	属 性 值	继 承
圆角边框	border-top-left-radius	设置左上角圆角边框	长度/百分比	否
	border-top-right-radius	设置右上角圆角边框		
	border-bottom-left-radius	设置左下角圆角边框		
	border-bottom-right-radius	设置右下角圆角边框		
	border-radius	一条声明设置 4 个圆角边框		
阴影	box-shadow	设置一个或者多个阴影	h-shadow/v-shadow/ blur/spread/color/inset	

11.3.1 圆角边框

border-top-left-radius、border-top-right-radius、border-bottom-left-radius、border-bottom-right-radius 的取值可以是长度，也可以是百分比，通常我们只给定一个圆角半径即可，如果给定两个值，则一个表示水平半径，另一个表示垂直半径。

border-radius 一条声明可以一次性设置 4 个角的圆角属性，共需要 8 个参数，前 4 个分别表示左上、右上、右下、左下的水平半径值，用空格隔开，后 4 个分别是左上、右上、右下、左下的垂直半径值，前后 4 个值用斜杠分割，具体如下。

border-radius: 2em 1em 4em / 0.5em 3em 的含义如下：

border-top-left-radius: 2em 0.5em;

border-top-right-radius: 1em 3em;

border-bottom-right-radius: 4em 0.5em;

border-bottom-left-radius: 1em 3em;

border-radius 的值是通过对角线式复制的，如果省略了右上角，则 4 个角全部和左上角相同。

```
示例代码：
<!DOCTYPE html>
<html>
    <head>
        <meta http-equiv="content-type" content="text/html; charset=utf-8">
        <title>CSS 圆角边框</title>
        <style type="text/css">
            div {
                border: 10px solid;
                width: 100px;
```

```
                height: 100px;
                margin: 5px;
            }
        </style>
    </head>
    <body>
        <div style="border-top-left-radius: 10px;border-bottom-left-radius:
50% 20px;">
        </div>

        <div style="border-radius: 2em 1em 4em / 0.5em 3em;">
        </div>

        <div style="border-radius: 1em 10em/ 1em 10em;">
        </div>
    </body>
</html>
```

运行结果如下图所示。

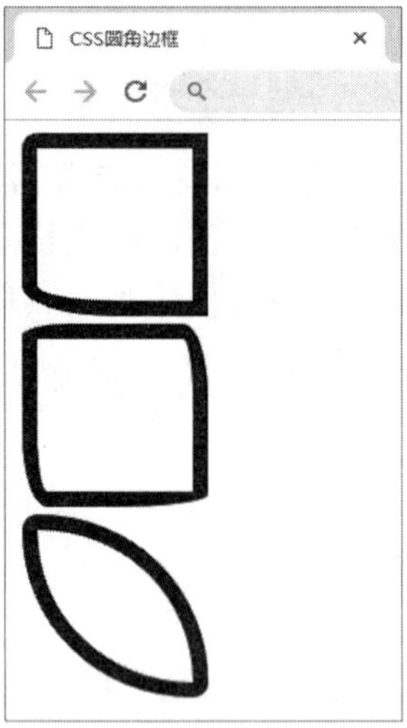

11.3.2 box-shadow

box-shadow 用于设置盒模型的阴影。它的属性值需要设置以下 6 个变量。

- h-shadow：表示阴影的水平方向偏移的距离，是必须填写的变量。
- v-shadow：表示阴影的垂直方向偏移的距离，是必须填写的变量。
- blur：表示模糊的半径距离，该变量可以不写，是可选的。
- spread：表示阴影额外增加的尺寸，负数表示减少的尺寸，该变量是可选的。
- color：表示阴影的颜色，该变量是可选的。
- inset：表示切换为内部阴影，该变量是可选的。

如果需要设置多个阴影，则用逗号将每个阴影连接起来作为属性值。

示例代码：

```
<!DOCTYPE html>
<html>
    <head>
        <meta http-equiv="content-type" content="text/html; charset=utf-8">
        <title>CSS 盒模型阴影</title>
        <style type="text/css">
            div {
                border: 1px solid;
                width: 100px;
                height: 100px;
                margin: 20px;
                float: left;
            }
        </style>
    </head>
    <body>
        <div style="box-shadow: 10px 10px;">
        </div>
        <div style="box-shadow: 10px 10px 20px;">
        </div>
        <div style="box-shadow: 10px 10px 20px 5px;">
        </div>
        <div style="box-shadow: 10px 10px 20px 5px red;">
        </div>
        <div style="box-shadow: 10px 10px 20px 5px red inset;">
        </div>
        <br style="clear: both;" />
        <div style="border-radius: 10px 10px/10px 10px; box-shadow: 10px
10px;">
        </div>
        <div style="border-radius: 50px 50px/50px 50px; box-shadow: 100px
0px 5px red,200px 0px 10px yellow,300px 0px 15px green;">
        </div>
    </body>
</html>
```

运行结果如下图所示。

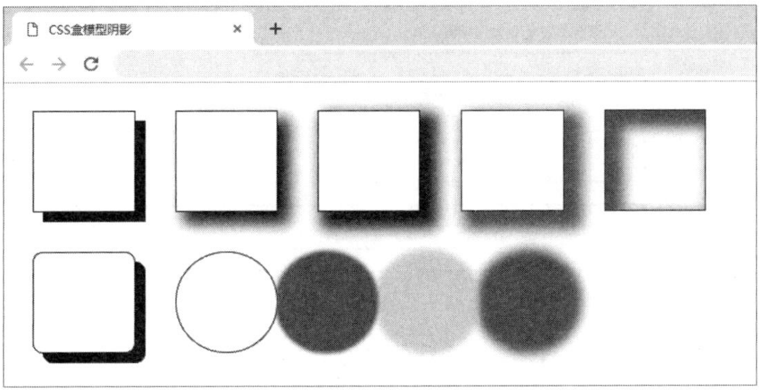

11.3.3　resize

resize 属性用于设置元素是否可以由用户调整其尺寸，它的属性值可以是 none（无法调整）、both（可以调整元素的宽和高）、horizontal（可以调整元素的宽）、vertical（可以调整元素的高）。如果需要此属性生效，那么需要设置元素的 overflow 属性，值可以是 auto、hidden 或者 scroll。

```
示例代码：
<!DOCTYPE html>
<html>
    <head>
        <meta charset="utf-8">
        <title>resize</title>
        <style>
            div {
                border: 2px solid;
                padding: 10px 40px;
                width: 300px;
                overflow: auto;
            }
        </style>
    </head>
    <body>
        <div>该窗体不能调整宽度和高度</div>
        <br/>
        <div style="resize: both;">该窗体可以调整宽度和高度</div>
        <br/>
        <div style="resize: horizontal;">该窗体可以调整宽度</div>
        <br/>
        <div style="resize: vertical;">该窗体可以调整高度</div>
    </body>
</html>
```

运行结果如下图所示。

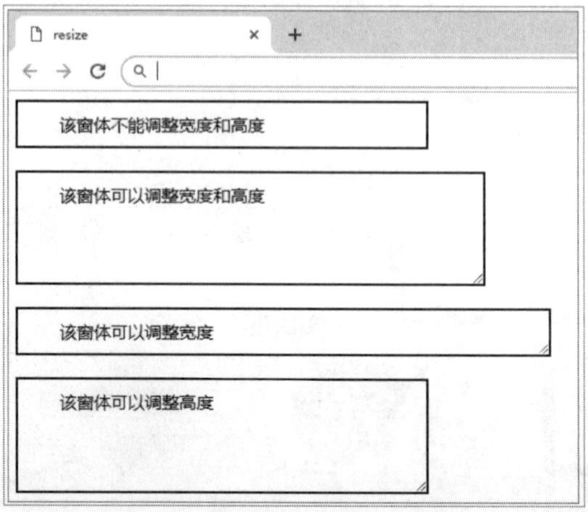

11.3.4　outline-offset

轮廓可以增加一个属性，即 outline-offset，用于设置轮廓的偏移量。

```
示例代码：
<!DOCTYPE html>
<html>
    <head>
        <meta charset="utf-8">
        <title>outline-offset</title>
        <style>
            div {
                border: 2px solid;
                padding: 10px 40px;
                width: 50px;
                height: 50px;
                outline: 1px red solid;
            }
        </style>
    </head>
    <body>
        <div></div>
        <br />
        <div style="outline-offset: 10px;"></div>
    </body>
</html>
```

运行结果如下图所示。

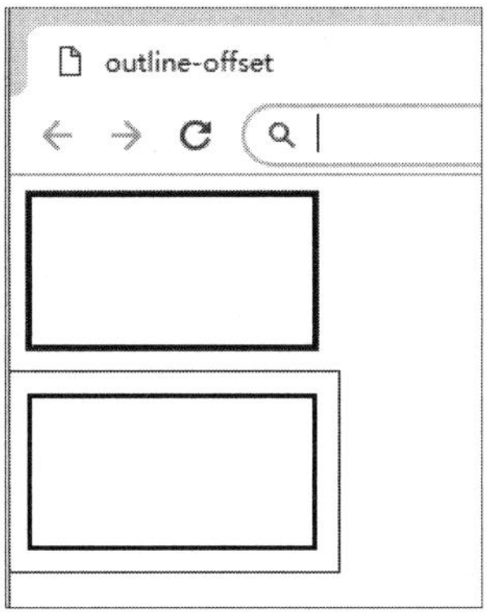

11.4　CSS3 新增变形动画属性

CSS3 在原来的基础上增加了变形和动画相关属性，通过这些属性，以前需要用 JavaScript 才能实现的功能，现在可以很轻松地实现。

CSS3 的变形功能可以对元素进行位移、旋转、缩放、倾斜 4 种几何变换的操作；CSS3 的动画功能则是和位移、旋转、缩放、倾斜 4 种几何变换操作相结合，从而产生平滑的动画效果。

11.4.1 CSS3 的变形属性

CSS3 变形提供了两个属性，分别是 transform 和 transform-origin。

- transform：用于设置元素的变形，可以设置一个或者一个以上的变形函数。目前，transform 有 5 种基本变形函数可以选择。
  - ➢ translate(x,y)：表示元素水平方向移动 x，垂直方向移动 y，其中 y 可以省略，表示垂直方向没有位移。
    - √ translateX(x)：表示元素水平方向移动 x。
    - √ translateY(y)：表示元素垂直方向移动 y。
  - ➢ rotate(angle)：表示元素顺时针旋转 angle 角度，angle 的单位通常为 deg。
  - ➢ scale(x,y)：表示元素水平方向的缩放比为 x，垂直方向的缩放比为 y，其中 y 可以省略，表示 y 和 x 相同，以保持缩放比。
    - √ scaleX(x)：表示元素水平方向的缩放比为 x。
    - √ scaleY(y)：表示元素垂直方向的缩放比为 y。
  - ➢ skew(angleX angleY)：表示元素沿着 x 轴方向倾斜 angleX 角度，沿着 y 轴方向倾斜 angleY 角度，其中 angleY 可以省略，表示 y 轴方向不倾斜。
    - √ skewX(angleX)：表示元素沿着 x 轴方向倾斜 angleX 角度。
    - √ skewY(angleY)：表示元素沿着 y 轴方向倾斜 angleY 角度。
  - ➢ matrix(a,b,c,d,x,y)：将所有 2D 变形函数（旋转、缩放、移动及倾斜）组合在一起。
- transform-origin：表示元素旋转的中心点，默认值为 50% 50%。第一个值表示元素旋转中心点的水平位置，它还可以赋值 left、right、center、长度、百分比；第二个值表示元素旋转中心点的垂直位置，它还可以赋值 top、bottom、center、长度、百分比。

```
倾斜说明示例代码：
<!DOCTYPE html>
<html>
    <head>
        <meta http-equiv="content-type" content="text/html; charset=utf-8">
        <title>CSS 变形</title>
        <style>
            div {
                height: 100px;
                width: 100px;
                border: 1px solid;
                background: red;
            }
        </style>
    </head>
    <body>
        <div style="transform: skewX(30deg);transform-origin: left top;
position: absolute;">
```

```
        </div>
        <div style="position: absolute;background-color: transparent;">
            <p>沿着 x 轴正方向倾斜，即 y 轴增加 30 度角</p>
        </div>

        <div  style="transform:  skewY(30deg);transform-origin:  left  top;
position: absolute;top: 200px;">
        </div>
        <div style="position: absolute;background-color: transparent;top:
200px;">
            <p>沿着 y 轴正方向倾斜，即 x 轴增加 30 度角</p>
        </div>

        <div  style="transform:  skew(30deg,30deg);transform-origin:  left
top; position: absolute;top: 400px;">
        </div>
        <div style="position: absolute;background-color: transparent;top:
400px;">
        </div>
    </body>
</html>
```

运行结果如下图所示。

```
4 种变形函数示例代码：
<!DOCTYPE html>
<html>
    <head>
        <meta http-equiv="content-type" content="text/html; charset=utf-8">
        <title>CSS 变形</title>
        <style type="text/css">
```

```
        div {
            border: 1px solid;
            width: 50px;
            height: 50px;
            margin: 10px;
            background-image: url(book.png);
        }
    </style>
</head>
<body>
    <div style="float: left;"></div>
    <div style="float: left;"></div>
    <div style="float: left; transform: rotate(30deg);"></div>
    <hr style="clear: both;" />
    <div style="float: left;"></div>
    <div style="float: left;transform: translate(30px,20px);"></div>
    <hr style="clear: both;" />
    <div style="float: left;"></div>
    <div style="float: left;transform: translateX(-20px) translate
(-20px);"></div>
    <hr style="clear: both;" />
    <div style="float: left;transform: scale(2,0.5)"></div>
    <div style="float: left;transform: scaleX(1.5) scaleY(1.5);"></div>
    <hr style="clear: both;" />
    <div style="float: left;transform: skewX(30deg);"></div>
    <div style="float: left;transform: skewY(30deg);"></div>
    <div style="float: left;transform: skew(30deg,30deg);"></div>
</body>
</html>
```

运行结果如下图所示。

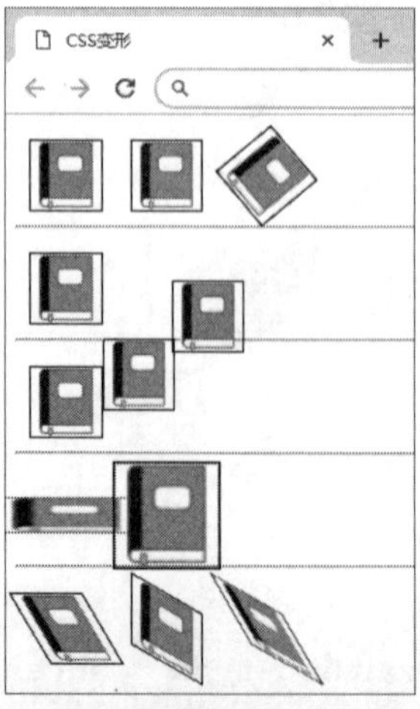


```
transform-origin 示例代码:
<!DOCTYPE html>
```

```
<html>
    <head>
        <meta http-equiv="content-type" content="text/html; charset=utf-8">
        <title>CSS 变形</title>
        <style type="text/css">
            div {
                border: 1px solid;
                width: 50px;
                height: 50px;
                margin: 10px;
                background-image: url(book.png);
            }
        </style>
    </head>
    <body>
        <div style="float: left;"></div>
        <div  style="float:  left;  transform:  rotate(45deg);left:  -70px;
position: relative;"></div>
        <hr style="clear: both;" />
        <div style="float: left;"></div>
        <div style="float: left;transform: rotate(45deg);transform-origin:
left top; left: -70px; position: relative;"></div>
        <hr style="clear: both;" />
        <div style="float: left;"></div>
        <div style="float: left;transform: rotate(45deg);transform-origin:
45px 60%;left: -70px; position: relative;"></div>
        <hr style="clear: both;" />
        <div style="float: left;"></div>
        <div style="float: left;transform: rotate(45deg);transform-origin:
center bottom;left: -70px; position: relative;"></div>
    </body>
</html>
```

运行结果如下图所示。

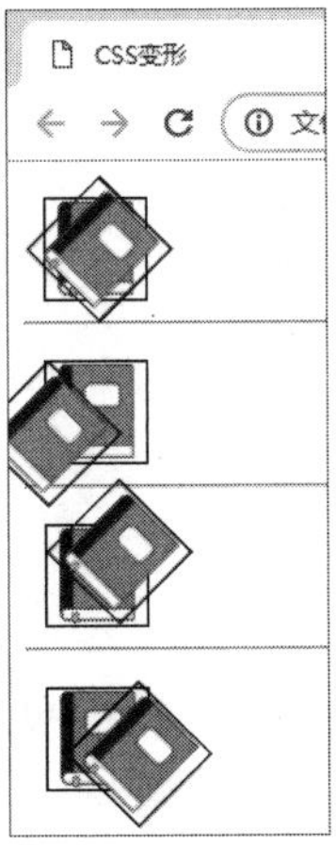

一般的开发使用 translate()、rotate()、scale()、skew()就已足够，但在实际开发中，因为浏览器的兼容性，有时还需要加上-moz-、-webkit-、-o-等前缀。下面单独介绍 matrix(a,b,c,d,m,n)的使用。

对初学者来说，矩阵变形方法 matrix(a,b,c,d,m,n)可能比较复杂，它的 6 个参数代表一个 3×3 的矩阵，在 CSS3 中，矩阵原始值为 matrix(1,0,0,1,0,0)，矩阵如下：

$$\begin{bmatrix} a & c & m \\ b & d & n \\ 0 & 0 & 1 \end{bmatrix}$$

之前提到的变形值可以定义为 x 和 y，则运算公式为

$$\begin{bmatrix} a & c & m \\ b & d & n \\ 0 & 0 & 1 \end{bmatrix} \bullet \begin{bmatrix} X \\ Y \\ 1 \end{bmatrix} = \begin{bmatrix} aX + cY + m \\ bX + dY + n \\ 1 \end{bmatrix}$$

由运算公式可以得知以下几点。

- m 表示 x 轴平移的距离。
- n 表示 y 轴平移的距离。
- a 和 c 决定了 x 轴方向拉伸的倍数和倾斜的角度。
- b 和 d 决定了 y 轴方向拉伸的倍数和倾斜的角度。
- 若 x 轴方向倾斜的角度和 y 轴方向倾斜的角度互为相反数，则是旋转，是一种特殊的倾斜。

```
示例代码:
<!DOCTYPE html>
<html>
    <head>
        <meta http-equiv="content-type" content="text/html; charset=utf-8">
        <title>CSS 变形</title>
        <style>
            div {
                height: 50px;
                width: 120px;
                margin-left: 20px;
                margin-top: 20px;
                border: 1px solid;
                background: red;
            }
        </style>
    </head>
    <body>
        <div style="transform: skew(37deg,37deg);float: left;">
        </div>
```

```
        <div style="transform: matrix(1,0.75,0.75,1,0,0);float: left;">
        </div>
        <br style="clear: both;" />
        <div style="transform: skew(37deg,37deg) scale(0.5,0.5);float: left;">
        </div>
        <div style="transform: matrix(0.5,0.375,0.375,0.5,0,0);float: left;">
        </div>
        <br style="clear: both;" />
        <div style="transform: rotate(30deg);float: left;">
        </div>
        <div style="transform: matrix(0.861,0.5,-0.5,0.861,0,0);float: left;">
        </div>

    </body>
</html>
```

运行结果如下图所示。

11.4.2 CSS3 的 3D 变形属性

11.4.1 节提到的变形可以理解为 2D 上的变形，当然，CSS3 也提供了 3D 的变形。

- transform 属性，增加了 3 个变形函数。
  - rotateX：表示元素沿着 x 轴旋转。
  - rotateY：表示元素沿着 y 轴旋转。
  - rotateZ：表示元素沿着 z 轴旋转。

```
示例代码:
<!DOCTYPE html>
<html>
    <head>
        <meta http-equiv="content-type" content="text/html; charset=utf-8">
        <title>CSS 变形</title>
        <style type="text/css">
            div {
                border: 1px solid;
                width: 50px;
```

```
                height: 50px;
                margin: 10px;
                background-image: url(book.png);
            }
        </style>
    </head>
    <body>
        <div style="float: left;"></div>
        <div style="float: left; transform: rotateX(180deg);"></div>
        <div style="float: left; transform: rotateY(180deg);"></div>
        <div style="float: left; transform: rotateZ(180deg);"></div>
        <div style="float: left; transform: rotateX(60deg) rotateZ(180deg);">
</div>
        <div style="float: left; transform: rotateX(60deg) rotateZ(180deg);
transform-origin: center bottom;"></div>
    </body>
</html>
```

运行结果如下图所示。

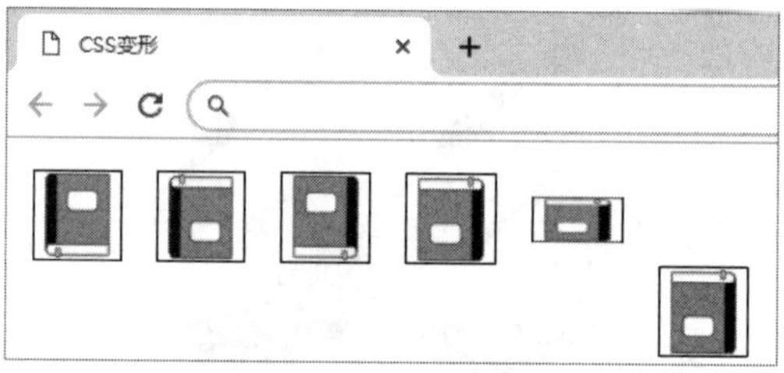

- transform-style：用于设置嵌套的子元素在 3D 空间中显示的效果。它可以设置两个属性值，即 flat（子元素不保留其 3D 位置，默认值）和 preserve-3d（子元素保留它的 3D 位置）。

```
示例代码:
<!DOCTYPE html>
<html>
    <head>
        <meta http-equiv="content-type" content="text/html; charset=utf-8">
        <title>CSS 变形</title>
        <style>
            .div1 {
                position: relative;
                height: 250px;
                width: 250px;
                margin: 10px;
                border: 1px solid black;
            }
            .div2 {
                padding: 50px;
```

```
                position: absolute;
                border: 1px solid black;
                background-color: red;
            }
            .div3 {
                padding: 40px;
                position: absolute;
                border: 1px solid black;
                background-color: yellow;
            }
        </style>
    </head>
    <body>
        <div class="div1">
            <div class="div2">RED
                <div class="div3">YELLOW</div>
            </div>
        </div>
        <div class="div1" style="float: left;">
            <div class="div2" style="transform: rotateX(30deg);">RED
                <div class="div3">YELLOW</div>
            </div>
            <p style="position: absolute; bottom: 0;">红色方块沿着 x 轴旋转 30
度，子元素黄色方块也跟着旋转了 30 度</p>
        </div>
        <div class="div1" style="float: left;">
            <div class="div2" style="transform: rotateX(30deg);">RED
                <div class="div3" style="transform: rotateY(30deg);">YELLOW
</div>
            </div>
            <p style="position: absolute; bottom: 0;">红色方块保持不变，黄色方
块沿着 y 轴旋转 30 度</p>
        </div>

        <div class="div1" style="float: left;">
            <div  class="div2"  style="transform:  rotateX(30deg);  transform-
style: preserve-3d;">RED
                <div class="div3" style="transform: rotateY(30deg);">YELLOW
</div>
            </div>
            <p style="position: absolute; bottom: 0;">使用 transform-style:
preserve-3d，使子元素保留它的 3D 位置</p>
        </div>
    </body>
</html>
```

运行结果如下图所示。

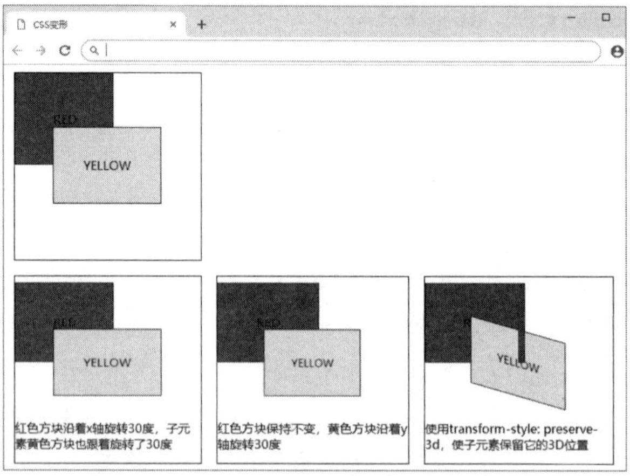

- perspective：设置成透视效果，透视效果为近大远小。该属性值用于设置 3D 元素距离视图的距离，单位为像素，已经内置了，我们只需要写具体数值即可，默认值为 0。当为元素定义 perspective 属性时，其子元素会获得透视效果，而不是元素本身。
- perspective-origin：设置 3D 元素所基于的 x 轴和 y 轴，改变 3D 元素的底部位置，该属性取值与 transform origin 相同，默认值为 50% 50%。

```
示例代码：
<!DOCTYPE html>
<html>
    <head>
        <meta http-equiv="content-type" content="text/html; charset=utf-8">
        <title>CSS 变形</title>
        <style>
            .div1 {
                position: relative;
                height: 150px;
                width: 150px;
                margin: 10px;
                padding: 10px;
                border: 1px solid black;
                background-color: red;
            }

            .div2 {
                padding: 40px;
                position: absolute;
                border: 1px solid black;
                background-color: yellow;
            }
        </style>
    </head>
    <body>
        <div class="div1">RED
            <div class="div2">YELLOW</div>
```

```
        </div>

        <div class="div1" style="float: left;">RED
            <div class="div2" style="transform: rotateX(50deg);">YELLOW</div>
        </div>

        <div class="div1" style="float: left;-webkit-perspective:200;">RED
            <div class="div2" style="transform: rotateX(50deg);">YELLOW</div>
        </div>

        <div class="div1" style="float: left;-webkit-perspective:200;-webkit-
perspective-origin: left top;">RED
            <div class="div2" style="transform: rotateX(50deg);">YELLOW</div>
        </div>
        <br style="clear: both;" />

        <div  class="div1"  style="float:  left;transform:  rotateY(50deg);
transform-style: preserve-3d;">RED
            <div class="div2" style="transform: rotateX(50deg);">YELLOW</div>
        </div>

        <div  class="div1"  style="float:  left;;transform:  rotateY(50deg);
-webkit -perspective: 200;">RED
            <div class="div2" style="transform: rotateX(50deg);">YELLOW</div>
        </div>
            <div class="div1" style="float: left;;transform: rotateY(50deg);
transform-style: preserve-3d;-webkit-perspective: 200;">RED
            <div  class="div2"  style="transform:  rotateX  (50deg);">YELLOW
</div>
        </div>

    </body>
</html>
```

运行结果如下图所示。

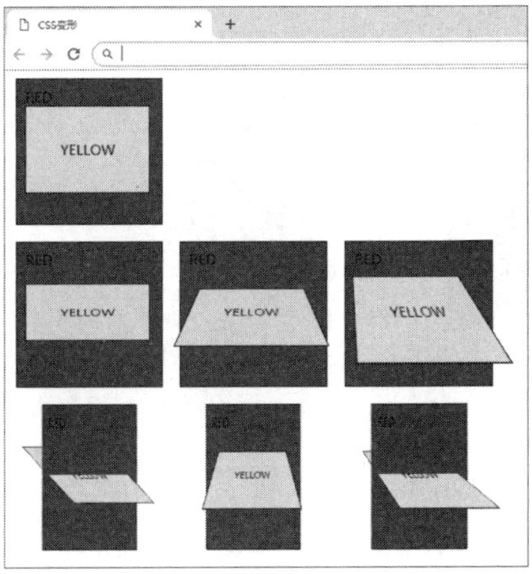

- backface-visibility：用于设置当元素背面面向屏幕时是否可见，通常用于设置不希望用户看到旋转元素的背面。它的属性值有 visible（背面可见，默认值）、hidden（背面不可见）两个。

```
示例代码：
<!DOCTYPE html>
<html>
    <head>
        <meta http-equiv="content-type" content="text/html; charset=utf-8">
        <title>CSS 变形</title>
        <style>
            div {
                height: 100px;
                width: 100px;
                border: 1px solid;
                background: red;
            }
        </style>
    </head>
    <body>
        <div>
            RED
        </div>
        <div style="transform: rotateX(180deg);">
            RED
        </div>
        <div style="transform: rotateX(180deg);backface-visibility: hidden;">
            RED
        </div>
    </body>
</html>
```

运行结果如下图所示。

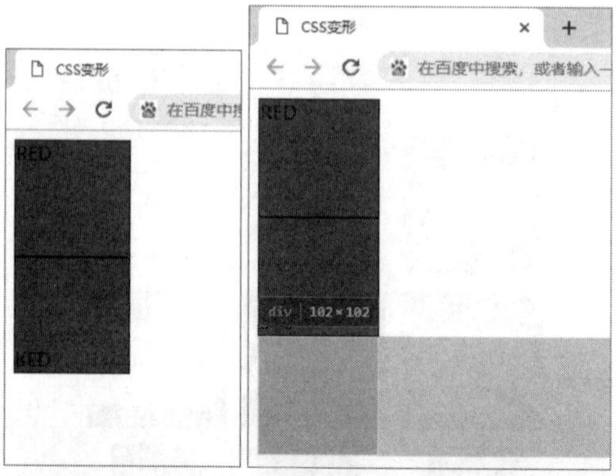

检查页面元素，可见翻转的元素，因设置了 backface-visibility: hidden 而不可见，但实际上在页面中是占用了这一部分实际页面区域的。

11.4.3　CSS3 的过渡属性

CSS3 增加了一些过渡属性，可以为元素增加过渡动画效果，也可以设置在一定的时间内逐渐从一种样式变成另一种样式。过渡涉及的属性如下表所示。

属　性	含　义	属 性 值	继　承
transition-delay	设置过渡的延迟时间	time	否
transition-duration	设置过渡的过渡时间	time	否
transition-timing-function	设置过渡的时间曲线	linear/ease/ease-in/ease-out/ease-in-out/cubic-bezier(x1,y1,x2,y2)	否
transition-property	设置哪条 CSS 使用过渡	none/all/CSS 属性名称列表	否
transition	一条声明设置所有过渡属性	transition-delay transition-duration transition-timing-function transition-property	否

- transition-delay：设置经过多长时间的延迟才开始执行过渡动画效果，单位通常为秒或者毫秒，默认值为 0。
- transition-duration：设置过渡动画效果持续的时间，单位通常为秒或者毫秒。该属性如果不设置或者设置为 0，则不会产生过渡动画效果。
- transition-timing-function：设置过渡动画的时间曲线。该属性值有如下几个值。
  - ➢ ease：慢速开始，然后变快，最后慢速结束的过渡效果（cubic-bezier(0.25,0.1,0.25,1)），如下图所示。

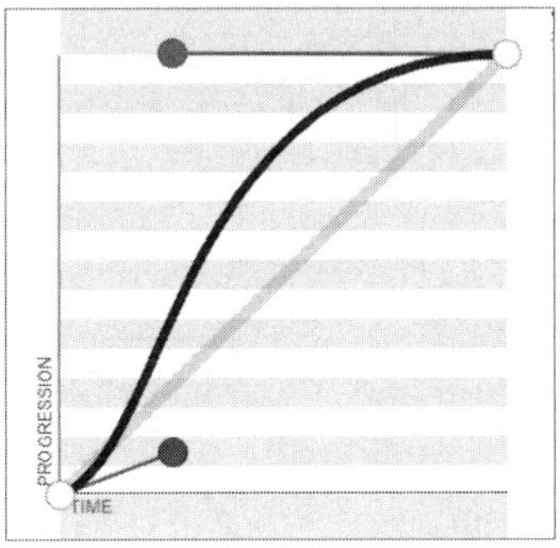

  - ➢ linear：以相同速度开始至结束的过渡效果（等于 cubic-bezier(0,0,1,1)），如下图所示。

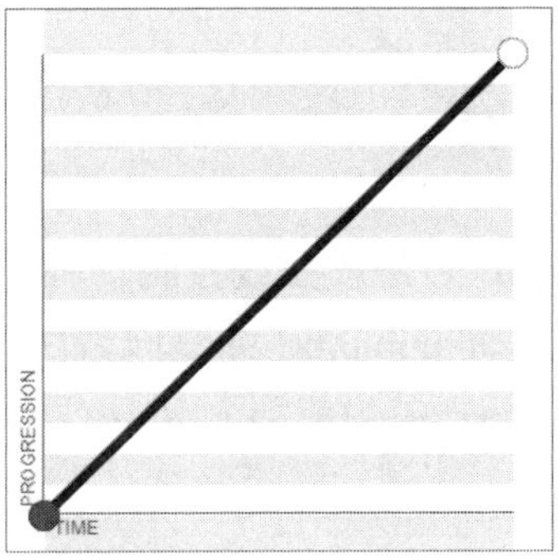

➢ ease-in：以慢速开始的过渡效果（等于 cubic-bezier(0.42,0,1,1)），如下图所示。

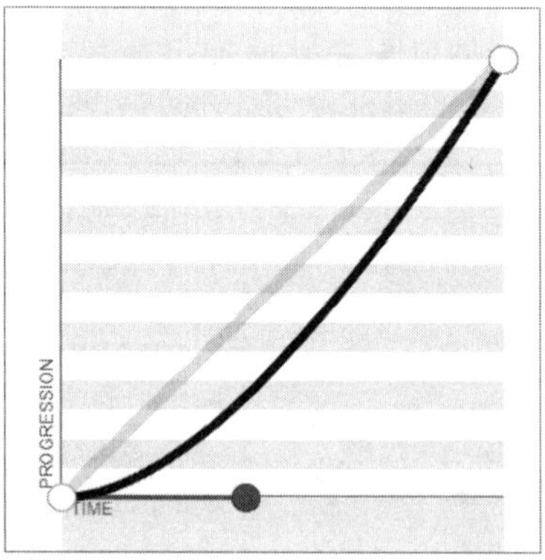

➢ ease-out：以慢速结束的过渡效果（等于 cubic-bezier(0,0,0.58,1)），如下图所示。

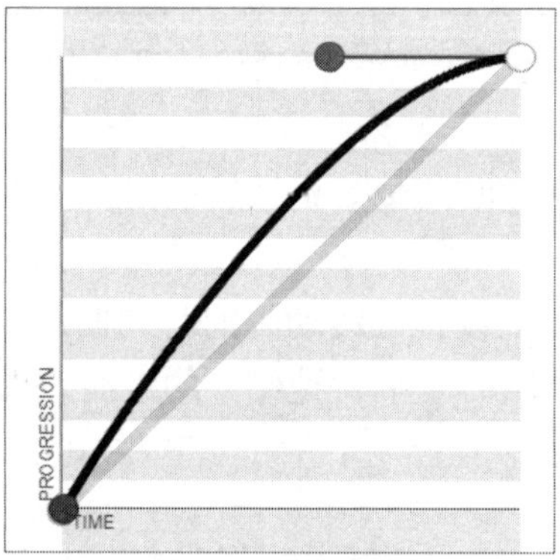

➢ ease-in-out：以慢速开始和结束的过渡效果（等于 cubic-bezier(0.42,0,0.58,1)），如下图所示。

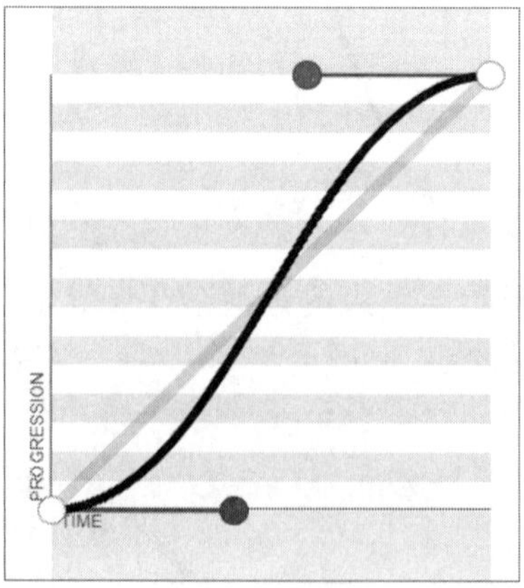

➢ cubic-bezier(x1,y1,x2,y2)：贝济埃曲线控制动画的速度，如下图所示。x 的取值区间是[0,1]，取值超过该区间 cubic-bezier 即无效；y 的取值区间没有限制，[−0.5,0.5]也是可以的，但不应该超出[0,1]范围太大。

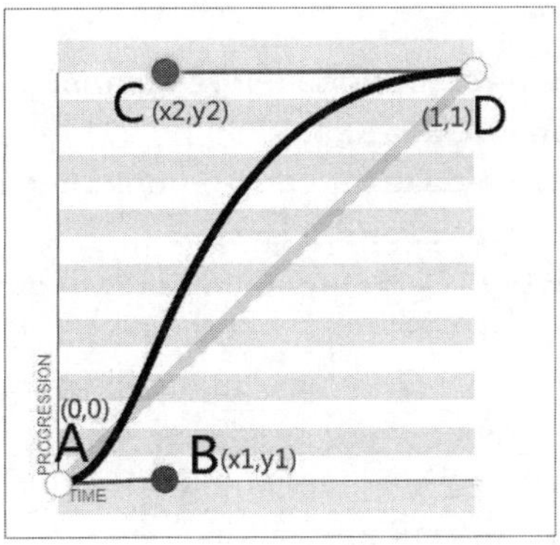

贝济埃曲线的公式如下：

$$B(t) = P_0(1-t)^3 + 3P_1t(1-t)^2 + 3P_2t(1-t) + P_3t^3,\ t \in [0,1]$$

在 CSS3 中，它的参数设定如下：

P_0 (0, 0)，P_1 (x1, y1)，P_2 (x2, y2)，P_3 (1, 1)

- transition-property：设置对元素的哪个 CSS 属性进行过渡动画效果处理，默认值为 all（所有元素都会获得过渡动画效果），还可以设置为 none（没有元素可以获得动画效果）和一些 CSS 标准属性（如 width、background-color 等）。
- transition：用一条声明设置 transition-delay、transition-duration、transition-timing-function、transition-property 4 个属性。

在实际开发中，过渡效果的实现因为浏览器的兼容性，同样需要加上-moz-、-webkit-、-o-等前缀。

```
示例代码：
<!DOCTYPE html>
<html>
    <head>
        <meta http-equiv="content-type" content="text/html; charset=utf-8">
        <title>CSS 过渡</title>
        <style>
            div {
                width: 100px;
                height: 100px;
                background: blue;
            }

            div:hover {
                width: 300px;
            }
        </style>
    </head>
    <body>
        <div style="transition-delay: 10ms;transition-duration: 5s;transition-
```

```
timing-function: linear;
          -moz-transition-delay: 10ms;-moz-transition-duration: 5s;-moz-
transition-timing-function: linear;
          -webkit-transition-delay: 10ms;-webkit-transition-duration: 5s;
-webkit-transition-timing-function: linear;
          -o-transition-delay: 10ms;-o-transition-duration: 5s;-o-transition-
timing-function: linear;"></div>

          <div style="background-color: red;
          transition: width 2s;
          -moz-transition: width 2s;
          -webkit-transition: width 2s;
          -o-transition: width 2s;"></div>
      </body>
   </html>
```

运行结果如下图所示。

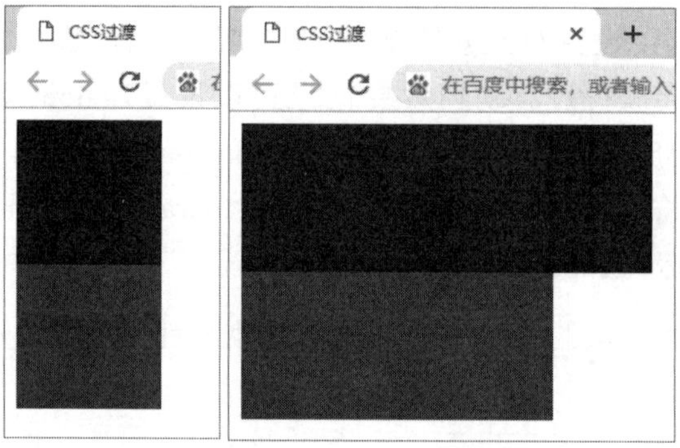


```
   示例代码:
   <!DOCTYPE html>
   <html>
      <head>
         <meta charset="utf-8" />
         <title>CSS 过渡</title>
         <style>
            div {
               width: 100px;
               height: 100px;
               background: blue;
            }

            div:hover {
               height: 300px;
               width: 300px;
               background-color: aqua;
            }
         </style>
```

```
    </head>
    <body>
        <div style="
        transition: width 4s,height 4s,background-color 4s;
        -moz-transition: width 4s,height 4s,background-color 4s;
        -webkit-transition: width 4s,height 4s,background-color 4s;
        -o-transition: width 4s,height 4s,background-color 4s;"></div>
    </body>
</html>
```

运行结果如下图所示。

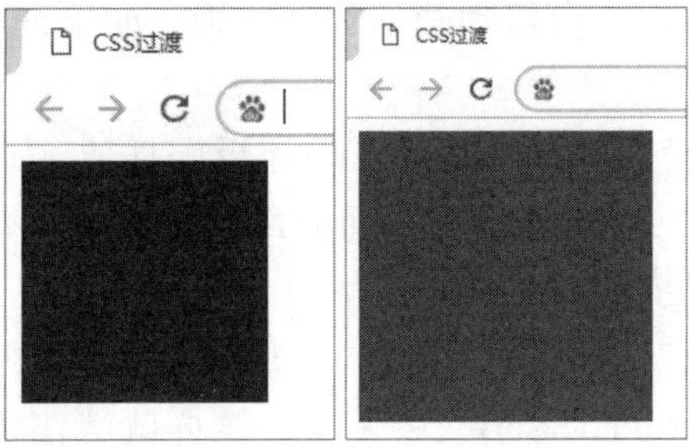

11.4.4　CSS3 的动画属性

CSS3 提供了强大的补间动画支持：animation，它可以做到一系列的图形变换（包括平移、缩放、旋转、改变透明度等）。在实际开发中，因为浏览器的兼容性，有时还需要加上 -moz-、-webkit-、-o-等前缀。动画涉及的属性如下表所示。

属　性	含　义	属 性 值	继　承
@keyframes	定义动画选择器	name 时间 CSS 样式	否
animation-name	使用@keyframes 定义的动画	none/动画选择器定义的名字	否
animation-delay	设置动画的延迟时间	time	否
animation-duration	设置动画的持续动画时间	time	否
animation-timing-function	设置动画的时间曲线	linear/ease/ease-in/ease-out/ease-in-out/cubic-bezier(x1,y1,x2,y2)	否
animation-iteration-count	设置动画播放次数	数字/infinite	否
animation-direction	设置动画反向播放	normal/alternate	
animation-play-state	设置动画播放状态	paused/running	
transition	一条声明设置所有动画属性	animation-name animation-delay animation-duration animation-timing-function animation-iteration-count animation-direction	否

- @keyframes：通过@keyframes 规则可以创建动画。以百分比规定改变发生的时间，或者通过关键词"from"和"to"定义，等价于 0 和 100%，0 是动画的开始时间，100% 是动画的结束时间。

- animation-name：属性值为 @keyframes 动画规定名称，表示使用@keyframes 预先定义的动画。如果赋值为 none，表示无动画效果。
- animation-delay：设置经过多长时间的延迟才开始执行动画效果，单位通常为秒或者毫秒，默认值为 0。
- animation-duration：设置动画效果持续的时间，单位通常为秒或者毫秒。该属性如果不设置或者设置为 0，则不会产生动画效果。
- animation-timing-function：设置过渡动画的时间曲线，它的属性值与 transition-timing-function 相同，可以设置为 linear、ease、ease-in、ease-out、ease-in-out、cubic-bezier(x1,y1,x2,y2)。
- animation-iteration-count：设置动画播放的次数，如果设置为 infinite，则表示无限次播放。
- animation-direction：设置动画是否应该轮流反向播放。如果属性值是 alternate，则动画会在奇数次数（1、3、5 等）正常播放，而在偶数次数（2、4、6 等）反向播放；默认值为 normal，表示动画正常播放。
- animation-play-state：设置动画播放状态，属性值可以是 running（播放中）和 paused（暂停）。该属性通常在 JavaScript 中使用，这样就能在播放过程中暂停动画。
- transition：动画属性的简写属性，使用一条声明定义 animation-name、animation-delay、animation-duration、animation-timing-function、animation-iteration-count、animation-direction。

```
示例代码：
<!DOCTYPE html>
<html>
    <head>
        <meta charset="utf-8">
        <title>CSS 动画</title>
        <style>
            @keyframes turnaround {
                0%   {top:0px; left:0px; background:red;}
                25%  {top:0px; left:100px; background:blue;}
                50%  {top:100px; left:100px; background:yellow;}
                75%  {top:100px; left:0px; background:green;}
                100% {top:0px; left:0px; background:red;}
            }

            @-moz-keyframes turnaround {
                0%   {top:0px; left:0px; background:red;}
                25%  {top:0px; left:100px; background:blue;}
                50%  {top:100px; left:100px; background:yellow;}
                75%  {top:100px; left:0px; background:green;}
                100% {top:0px; left:0px; background:red;}
            }

            @-webkit-keyframes turnaround {
```

```
            0%   {top:0px; left:0px; background:red;}
            25%  {top:0px; left:100px; background:blue;}
            50%  {top:100px; left:100px; background:yellow;}
            75%  {top:100px; left:0px; background:green;}
            100% {top:0px; left:0px; background:red;}
        }

        @-o-keyframes turnaround {
            0%   {top:0px; left:0px; background:red;}
            25%  {top:0px; left:100px; background:blue;}
            50%  {top:100px; left:100px; background:yellow;}
            75%  {top:100px; left:0px; background:green;}
            100% {top:0px; left:0px; background:red;}
        }

        div {
            width:100px;
            height:100px;
            background:red;
            position:relative;
            animation:turnaround 5s infinite;
            -moz-animation:turnaround 5s infinite;
            -webkit-animation:turnaround 5s infinite;
            -o-animation:turnaround 5s infinite;
        }
    </style>
  </head>
  <body>
    <div>
    </div>
  </body>
</html>
```

运行结果如下图所示。

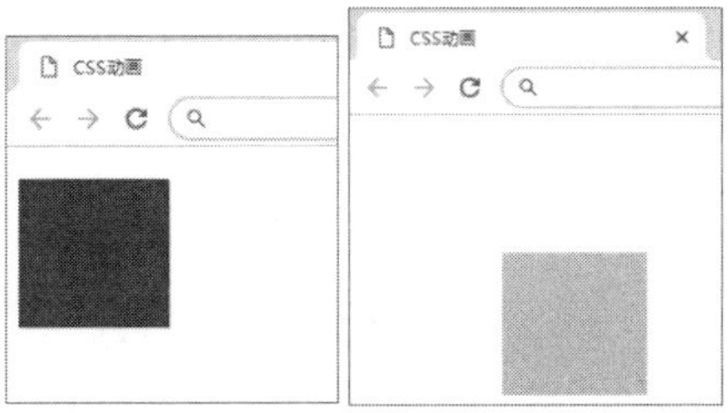

11.5　CSS3 新增多列属性

CSS3 为文本排版增加了一种多列模式，如在一个 div 中实现文本左右分栏的效果。在实际开发中，因为浏览器的兼容性，有时还需要加上-moz-、-webkit-、-o-等前缀。多列用到的属性如下表所示。

属　性	含　义	属 性 值	继　承
column-count	设置元素应该被分隔的列数	数字/auto	否
column-width	设置列的宽度	长度/auto	否
columns	一条声明设置列宽和列数	column-count column-width	否
column-gap	设置列之间的间隔	长度/normal	否
column-span	设置元素应该横跨的列数	1/all	否
column-rule-style	设置列之间间隔的样式	none/hidden/dotted/dashed/solid/ double/groove/ridge/inset/outset	否
column-rule-color	设置列之间间隔的颜色	颜色名/十六进制数/rgb 函数	否
column-rule-width	设置列之间间隔的宽度	thin/medium/thick/length	否
column-rule	一条声明设置列之间间隔所有属性	column-rule-style column-rule-color column-rule-width	否

- column-count：用于设置元素应该被划分的列数，默认值为 auto，一般情况下等同于 1 列，可以自己指定具体数值表示要分成几列。
- column-width：用于设置列的宽度，默认值为 auto，由浏览器和窗口决定，也可以指定长度确定列的宽度。
- columns：一条属性快速定义 column-count 和 column-width。
- column-gap：用于设置列之间间隔的宽度，默认值为 normal，表示一个常规长度（1em），也可以指定长度确定列之间间隔的宽度。
- column-span：用于设置子元素横跨多少列，属性值只能为 1 或者 all，其中 1 为默认值。
- column-rule-style：用于设置列之间的间隔样式，属性值可以是 none（无）、hidden（隐藏）、dotted（点）、dashed（虚线）、solid（实现）、double（双线）、groove（凹槽）、ridge（凸槽）、inset（凹入）、outset（凸起）。
- column-rule-color：用于设置列之间间隔的颜色，属性值是一个颜色的表示值。
- column-rule-width：用于设置列之间间隔的宽度，属性值可以是 thin（细）、medium（正常）、thick（粗），也可以自己指定宽度。
- column-rule：用一条属性快速定义 column-rule-style、column-rule-color 和 column-rule-width。

```
示例代码：
<!DOCTYPE html>
<html>
    <head>
        <meta charset="utf-8">
        <title>CSS 多列</title>
        <style>
            div {
                column-count: 3;
                column-width: auto;
                -moz-column-count: 3;
                -moz-column-width: auto;
```

```
                -webkit-column-count: 3;
                -webkit-column-width: auto;
            }

            .div1 {
                column-gap: 50px;
                -moz-column-gap: 50px;
                -webkit-column-gap: 50px;
            }
        </style>
    </head>
    <body>
        <div>
            <h1>出师表 ——诸葛亮 出自《三国志·诸葛亮传》卷三十五</h1>
            先帝创业未半而中道崩殂，今天下三分，益州疲弊，此诚危急存亡之秋也。然侍卫之
臣不懈于内，忠志之士忘身于外者，盖追先帝之殊遇，欲报之于陛下也。诚宜开张圣听，以光先帝遗德，
恢弘志士之气，不宜妄自菲薄，引喻失义，以塞忠谏之路也。
            宫中府中，俱为一体，陟罚臧否，不宜异同。若有作奸犯科及为忠善者，宜付有司论
其刑赏，以昭陛下平明之理，不宜偏私，使内外异法也。
            侍中、侍郎郭攸之、费祎、董允等，此皆良实，志虑忠纯，是以先帝简拔以遗陛下。
愚以为宫中之事，事无大小，悉以咨之，然后施行，必能裨补阙漏，有所广益。
            将军向宠，性行淑均，晓畅军事，试用于昔日，先帝称之曰能，是以众议举宠为督。
愚以为营中之事，悉以咨之，必能使行阵和睦，优劣得所。
            亲贤臣，远小人，此先汉所以兴隆也；亲小人，远贤臣，此后汉所以倾颓也。先帝在
时，每与臣论此事，未尝不叹息痛恨于桓、灵也。侍中、尚书、长史、参军，此悉贞良死节之臣，愿陛
下亲之信之，则汉室之隆，可计日而待也。
            臣本布衣，躬耕于南阳，苟全性命于乱世，不求闻达于诸侯。先帝不以臣卑鄙，猥自
枉屈，三顾臣于草庐之中，咨臣以当世之事，由是感激，遂许先帝以驱驰。后值倾覆，受任于败军之际，
奉命于危难之间，尔来二十有一年矣。
            先帝知臣谨慎，故临崩寄臣以大事也。受命以来，夙夜忧叹，恐托付不效，以伤先帝
之明，故五月渡泸，深入不毛。今南方已定，兵甲已足，当奖率三军，北定中原，庶竭驽钝，攘除奸凶，
兴复汉室，还于旧都。此臣所以报先帝而忠陛下之职分也。至于斟酌损益，进尽忠言，则攸之、祎、允
之任也。
            愿陛下托臣以讨贼兴复之效，不效，则治臣之罪，以告先帝之灵。若无兴德之言，则
责攸之、祎、允等之慢，以彰其咎；陛下亦宜自谋，以咨诹善道，察纳雅言，深追先帝遗诏，臣不胜受
恩感激。
            今当远离，临表涕零，不知所言。
        </div>
        <br>
        <div  class="div1"  style="column-rule-style:  dashed;column-rule-
width: thick;column-rule-color: red;
        -moz-column-rule-style: dashed;-moz-column-rule-width: thick;-moz-
column-rule-color: red;
        -webkit-column-rule-style: dashed;-webkit-column-rule-width: thick;
-webkit-column-rule-color: red;">
            <h1 style="column-span: all;-webkit-column-span: all;">出师表——
诸葛亮 出自《三国志·诸葛亮传》卷三十五</h1>
```

```
            先帝创业未半而中道崩殂，今天下三分，益州疲弊，此诚危急存亡之秋也。然侍卫之臣不懈于内，忠志之士忘身于外者，盖追先帝之殊遇，欲报之于陛下也。诚宜开张圣听，以光先帝遗德，恢弘志士之气，不宜妄自菲薄，引喻失义，以塞忠谏之路也。
            宫中府中，俱为一体，陟罚臧否，不宜异同。若有作奸犯科及为忠善者，宜付有司论其刑赏，以昭陛下平明之理，不宜偏私，使内外异法也。
            侍中、侍郎郭攸之、费祎、董允等，此皆良实，志虑忠纯，是以先帝简拔以遗陛下。愚以为宫中之事，事无大小，悉以咨之，然后施行，必能裨补阙漏，有所广益。
            将军向宠，性行淑均，晓畅军事，试用于昔日，先帝称之曰能，是以众议举宠为督。愚以为营中之事，悉以咨之，必能使行阵和睦，优劣得所。
            亲贤臣，远小人，此先汉所以兴隆也；亲小人，远贤臣，此后汉所以倾颓也。先帝在时，每与臣论此事，未尝不叹息痛恨于桓、灵也。侍中、尚书、长史、参军，此悉贞良死节之臣，愿陛下亲之信之，则汉室之隆，可计日而待也。
            臣本布衣，躬耕于南阳，苟全性命于乱世，不求闻达于诸侯。先帝不以臣卑鄙，猥自枉屈，三顾臣于草庐之中，咨臣以当世之事，由是感激，遂许先帝以驱驰。后值倾覆，受任于败军之际，奉命于危难之间，尔来二十有一年矣。
            先帝知臣谨慎，故临崩寄臣以大事也。受命以来，夙夜忧叹，恐托付不效，以伤先帝之明，故五月渡泸，深入不毛。今南方已定，兵甲已足，当奖率三军，北定中原，庶竭驽钝，攘除奸凶，兴复汉室，还于旧都。此臣所以报先帝而忠陛下之职分也。至于斟酌损益，进尽忠言，则攸之、祎、允之任也。
            愿陛下托臣以讨贼兴复之效，不效，则治臣之罪，以告先帝之灵。若无兴德之言，则责攸之、祎、允等之慢，以彰其咎；陛下亦宜自谋，以咨诹善道，察纳雅言，深追先帝遗诏，臣不胜受恩感激。
            今当远离，临表涕零，不知所言。
        </div>
    </body>
</html>
```

运行结果如下图所示。

11.6　本章小结

CSS3 新增了大量的视觉效果属性，需要重点掌握新增的背景属性、圆角边框、盒阴影、文本分列、变形和动画，还要学会使用服务器字体。在实际开发中，要注意浏览器的兼容性问题，需要加上-moz-、-webkit-、-o-前缀时一定要加上，这样才能保证各浏览器的显示效果差不多。

CSS3 和浏览器也在不断发展中，未来浏览器会支持更多、更炫酷的 CSS3 属性。

第四篇

轻量级框架应用

第 12 章 jQuery 基础

学习任务

【任务 1】 了解 jQuery 框架，并掌握 jQuery 的安装和语法；

【任务 2】 掌握 jQuery 的多种选择器、jQuery 中的 DOM 操作及 jQuery 事件的相关事件。

学习路线

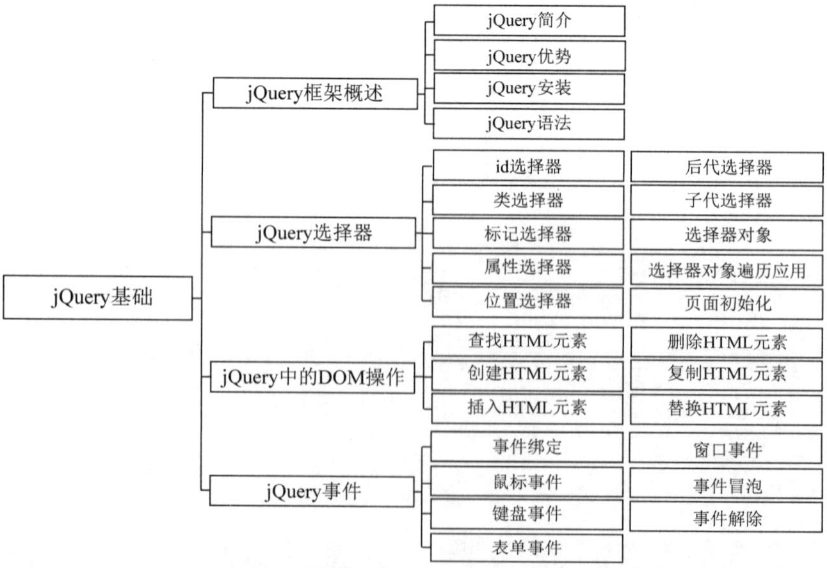

12.1 jQuery 框架概述

框架在生活中类似于建筑物的骨架，如盖楼首先是搭建楼的骨架，搭完骨架后才可以进行窗户等细节方面的处理。jQuery 框架是在 JavaScript 的基础上，将常用操作进行封装，使页面特效实现更加简单、快速。

12.1.1 jQuery 简介

jQuery，是继 Prototype 之后又一个优秀的 JavaScript 库，是一个由 John Resig 于 2006 年 1 月创建的开源项目。现在的 jQuery 团队主要包括核心库、UI、插件和 jQuery Mobile 等开发人员，以及推广和网站设计、维护人员。

jQuery 凭借简洁的语法和跨平台的兼容性，极大地简化了 JavaScript 开发人员遍历 HTML 文档、操作 DOM、处理事件、执行动画和开发 AJAX 的操作。其独特而又优雅的代码风格改变了 JavaScript 程序员的设计思路和编写程序的方式。总之，无论是网页设计师、后台开发者、业余爱好者还是项目管理者，也无论是 JavaScript 初学者还是 JavaScript 高手，都有足够的理由学习 jQuery。

jQuery 是一个 JavaScript 函数库。另外，jQuery 也是一个轻量级“写得少，做得多”的 JavaScript 库。

jQuery 库包含以下功能。

- HTML 元素选取。
- HTML 元素操作。
- CSS 操作。
- HTML 事件函数。
- JavaScript 特效和动画。
- HTML DOM 遍历和修改。
- AJAX。
- Utilities。
- jQuery 还提供了大量的插件。

12.1.2 jQuery 优势

jQuery 强调的理念是“写得少，做得多”。jQuery 独特的选择器、链式操作、事件处理机制和封装完善的 AJAX 都是其他 JavaScript 库做不到的。概括起来，jQuery 具有以下几方面优势。

（1）轻量级。jQuery 非常轻巧，采用 UglifyJS 压缩后，大小保持在 30KB 左右。

（2）强大的选择器。jQuery 允许开发者使用 CSS1 至 CSS3 几乎所有的选择器，以及 jQuery 独创的高级而复杂的选择器。由于 jQuery 支持选择器这一特性，因此有一定 CSS 经验的开发人员可以很容易地切入 jQuery 的学习中。

（3）出色的 DOM 操作的封装。jQuery 封装了大量常用的 DOM 操作，使开发者在编写 DOM 操作相关程序时能够得心应手。jQuery 可以轻松地完成各种原本非常复杂的操作，使 JavaScript 新手也能写出很好的程序。

（4）可靠的事件处理机制。jQuery 的事件处理机制吸引了 JavaScript 专家编写的事件处理函数的精华，使 jQuery 在处理事件绑定时相当可靠。

（5）完善的 AJAX。jQuery 将所有的 AJAX 操作封装到函数$.ajax()中，使开发者处理 AJAX 时能够专心处理业务逻辑而无须关心浏览器的兼容性及 XMLHttpRequest 对象的创建和使用问题。

（6）丰富的插件支持。jQuery 的易扩展性，吸引来自全球的开发者编写 jQuery 的扩展插件。目前已经有很多插件支持，但还会不断有新的插件更新。

（7）完善的文档。无论是英文还是中文，jQuery 的文档都非常丰富。

（8）开源。jQuery 是一个开源的产品，任何人都可以自由地使用并提出改进意见。目前，网络上有大量开源的 JS 框架，但 jQuery 是目前最流行的 JS 框架，而且提供了大量的扩展。很多公司都在使用 jQuery，如 Google、Microsoft、IBM、Netflix 等。

12.1.3 jQuery 安装

可以通过以下两种方法在网页中添加 jQuery：一是从 jquery.com 下载 jQuery 库；二是从 CDN 中载入 jQuery，如从 Google 中加载 jQuery。

方法 1 官网配置环境

（1）获取 jQuery 最新版本。进入 jQuery 官方网站 http://jquery.com，如下图所示。

单击“Download jQuery”进入下载页面，可以下载最新的 jQuery 库文件，如下图所示。有两个版本的库文件可供下载：Production version（生产版），用于实际的网站中，已被精简和压缩；Development version（开发版），用于测试和开发（未压缩，是可读的代码）。

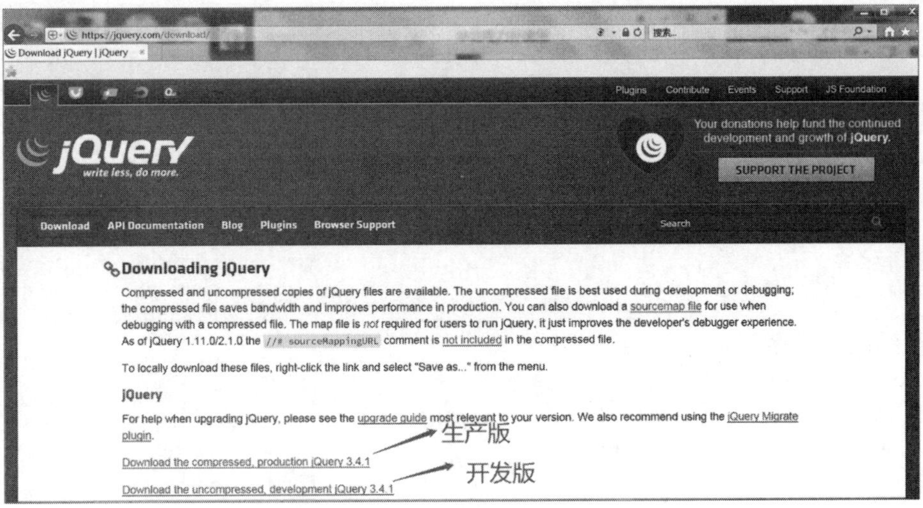

（2）jQuery 环境配置。jQuery 不需要安装，将下载的 jquery-3.4.1.js 放到网站上的公共位置，如果需要在某个页面上使用 jQuery，只需要在相关的 HTML 文档中引入该库文件即可。

（3）在页面中引入 jQuery。本章将 jquery-3.4.1.js 放在文件夹 js 下面，在所提供的 jQuery 例子中，为了方便调试，使用相对路径。在实际项目中，读者可以根据实际需要调整 jQuery 库的路径。

在编写的页面代码的<head>标签中引入 jQuery 库后即可使用。

代码如下：

```
<!DOCTYPE html>
<html>
<head>
  <meta charset="UTF-8">
  <title>初识 jQuery</title>
  <!-- 在 head 标签内引入的 jQuery 路径为相对路径-->
  <script type="text/JavaScript" src="./js/jquery-3.4.1.js"></script>
</head>
<body>
</body>
</html>
```

（4）测试是否引入成功。下面编写第一个小程序，测试 jQuery 是否可用。

```
<!DOCTYPE html>
<html>
<head>
  <meta charset="UTF-8">
  <title>初识 jQuery</title>
  <!-- 在 head 标签内引入的 jQuery 路径为相对路径 -->
  <script type="text/JavaScript" src="./js/jquery-3.4.1.js"></script>
```

```
    <script type="text/JavaScript">
        $(document).ready(function(){     //等待 DOM 元素加载完毕
            alert("成功引入 jQuery");       //弹框
        });
    </script>
</head>
<body>
</body>
</html>
```

运行结果如下图所示。

在上面的代码中需要解释代码段，这段代码的作用类似于传统 JavaScript 中的 windows.onload 方法，这是为了防止文档在完全加载（就绪）之前运行 jQuery 代码，即在 DOM 加载完成后才可以对 DOM 进行操作。如果在文档没有完全加载之前就运行函数，操作可能会失败。

方法 2　CDN 中配置 jQuery

如果不希望下载并存放 jQuery，那么也可以通过 CDN（内容分发网络）引用。Staticfile CDN、百度、又拍云、新浪、Google 和 Microsoft 的服务器都存有 jQuery。如果站点用户是国内的，则建议使用百度、又拍云、新浪等国内 CDN 地址；如果站点用户是国外的，则可以使用 Google 和 Microsoft。各网站 CDN 的 jQuery 地址如下。

（1）Staticfile CDN。

```
<head>
<script src="https://cdn.staticfile.org/jquery/1.10.2/jquery.min.js">
</script>
</head>
```

（2）百度 CDN。

```
<head>
<script src="https://apps.bdimg.com/libs/jquery/2.1.4/jquery.min.js">
</script>
</head>
```

（3）又拍云 CDN。

```
<head>
<script src="https://upcdn.b0.upaiyun.com/libs/jquery/jquery-2.0.2.min.js">
</script>
</head>
```

（4）新浪 CDN。

```
<head>
<script src="https://lib.sinaapp.com/js/jquery/2.0.2/jquery-2.0.2.min.js">
</script>
</head>
```

（5）Google CDN。

```
<head>
<script src="https://ajax.googleapis.com/ajax/libs/jquery/1.10.2/jquery.
min.js">
</script>
</head>
```

（6）Microsoft CDN。

```
<head>
<script  src="https://ajax.aspnetcdn.com/ajax/jquery/jquery-1.9.0.min.js">
</script>
</head>
```

测试是否引入成功可以通过方法 1 中的页面是否产生弹框进行验证。

12.1.4　jQuery 语法

jQuery 语法通过选取 HTML 元素，并对选取的元素执行某些操作。

jQuery 的基础语法如下：

$(selector).action()

- 美元符号定义 jQuery。
- 选择符（selector）"查询"和"查找"HTML 元素。
- jQuery action()执行对元素的操作。

实例如下。

- $(this).hide()：隐藏当前元素。
- $("p").hide()：隐藏所有<p>元素。
- $("p.test").hide()：隐藏所有 class="test"的<p>元素。
- $("#test").hide()：隐藏所有 id="test"的元素。

jQuery 入口函数如下：

```
$(document).ready(function(){
    // 执行代码
});
```

或者：

```
$(function(){
    // 执行代码
});
```

JavaScript 入口函数如下：

```
window.onload = function () {
    // 执行代码
}
```

jQuery 入口函数与 JavaScript 入口函数的区别如下。

- jQuery 的入口函数是在 HTML 所有标签（DOM）都加载之后再执行的。
- JavaScript 的 window.onload 事件是等所有内容（包括外部图片之类的文件）加载完之后才会执行的。

12.2 jQuery 选择器

选择器是 jQuery 的根基，在 jQuery 中，事件处理、遍历 DOM 和 AJAX 操作都依赖选择器。选择器其实就是找到页面元素。

jQuery 选择器相对于 JavaScript 类库中的选择函数写法更加简单，其中通过 id 获取 HTML 元素可以用$("#id")代替 document.getElementById()；通过类别获取 HTML 元素可以用$(".className")代替 document.getElementsByClassName()；通过标签名获取 HTML 元素可以用$("tagName")代替 document.getElementsByTagName()，其他的选择器也有类似的简便写法。

选择器的写法是$(" ")，其实是一个函数，称为工厂函数，$是函数名称，后面传递的是一个参数。称其为工厂函数，是因为通过函数可以返回选择器对象，能够生产对象。传入的参数不同，可以产生不同的选择器。常用的选择器如下表所示。

选择器	语法	描述	举例
id 选择器	$("#id")	根据给定的 id 匹配一个元素	$("#p1")选取 id 为 p1 的元素
类选择器	$(".class")	根据给定的类匹配元素	$(".c1")选取所有 class 为 c1 的元素
标记选择器	$("element")	根据给定的元素名匹配所有元素	$("p")选取所有的<p>元素
属性选择器	$("element[attribute]")	匹配包含给定属性的元素	$("div[titler=test]") 匹配 div 中 titles 属性值等于 test 的元素
位置选择器	$(element:position)	匹配符合标签中相应位置的元素	$("div:first")匹配所有 div 中第一个<div>元素
后代选择器	$("ancestor descendant")	匹配给定的祖先元素的所有后代元素	$("#ul1 li")匹配 id 为 ul1 的所有<li>元素
子代选择器	$("parent>child")	匹配所有指定"parent"元素中指定"child"的直接子元素	$("#ul1>li")匹配 id 为 ul1 下元素名为<li>的子元素

12.2.1 id 选择器

id 选择器是基本的选择器，jQuery 中的 id 选择器通过 HTML 元素的 id 属性选取指定的元素，根据给定的 id 匹配一个元素。jQuery 使用 JavaScript 的原生 getElementsById()实现。id 选择器的语法如下：

```
$("#标签 id 值")
```

在下面的 HTML 代码中含有 3 个<p>标签，可以通过 id 找到相应的<p>标签：

```
<p id="p1">P-1</p>
<p id="p2">P-2</p>
<p id="p3">P-3</p>
```

下面是通过 id 找相应的标签：

```
$("#p1")   //找到的是一个 p1 标签
$("#p2")   //找到的是一个 p2 标签
$("#p3")   //找到的是一个 p3 标签
```

注：id 是唯一的，每个 id 值在一个页面中只能使用一次。如果多个元素分配了相同的 id，将只匹配该 id 选择集合的第一个 DOM 元素。但这种行为不应该发生；有超过一个元素的页面使用相同的 id 是无效的。

在下面的实例中，通过 JavaScript 原生的语法及 jQuery 提供的 id 选择器为 div 加边框，蓝色的边框是通过原生方法处理的，红色的边框是通过 id 选择器处理的，两个 id 相同时只匹配第一个 div。

```
示例代码：
<!DOCTYPE html>
<html>
<head>
  <meta charset="UTF-8">
  <title>jQuery-id 选择器</title>
  <style>
    div {
        width: 100px;
        height: 90px;
        float: left;
        padding: 5px;
        margin: 5px;
        background-color: #EEEEEE;
    }
    </style>
<script type="text/JavaScript" src="./js/jquery-3.4.1.js"></script>
</head>
<body>
    <div id="test0">
         <p>id="test0"</p>
         <p>选中</p>
    </div>
    <div id="test1">
        <p>id="test1"</p>
        <p>jQuery 选中</p>
    </div>
    <div id="test1">
```

```
        <p>id="test1"</p>
        <p>jQuery 未选中</p>
    </div>
</body>
</html>
<script type="text/JavaScript">
    //通过原生方法处理
    var div = document.getElementById('test0');
    div.style.border = "3px solid blue";
</script>
<script type="text/JavaScript">
    //通过 jQuery 直接传入 id
    $("#test1").css("border", "3px solid red");
</script>
```

运行结果如下图所示。

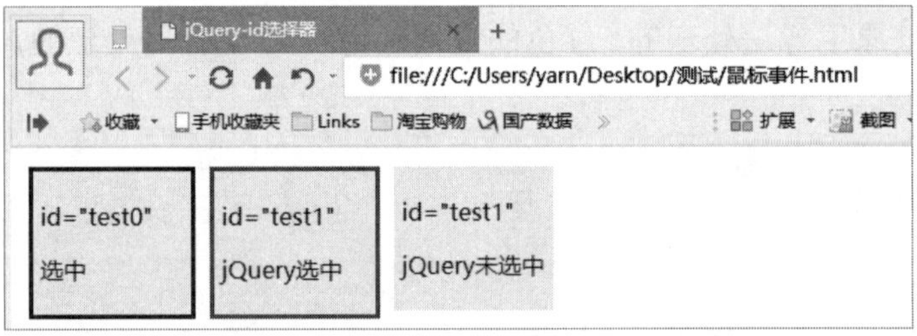

12.2.2 类选择器

类选择器，顾名思义就是通过类别选择 HTML 元素，也就是通过 class 样式类名寻找，根据给定的类匹配元素。相对于 id 选择器来说，类选择器效率相对低一点，但其优势是可以多选。jQuery 使用 JavaScript 的原生 getElementsByClassName()实现。没有 id 属性时可以通过类选择器获得 HTML 元素。类选择器的语法如下：

```
$(".class 属性值")
```

在下面的实例中有 3 个<p>标签，前两个的类名是相同的，现在通过类选择器将类名 c1 的<p>标签加上蓝色边框，将类名 c2 的<p>标签加上绿色边框。

```
<p class="c1">P-1</p>
<p class="c1"id="p2">P-2</p>
<p class="c2"id="p3">P-3</p>
```

下面是通过类别找相应的标签：

```
$(".c1")   //找到的是第一个 p 标签
$(".c2")   //找到的是第三个 p 标签
```

```
示例代码:
<!DOCTYPE html>
<html>
```

```
<head>
  <meta charset="UTF-8">
  <title>jQuery-类选择器</title>
<script type="text/JavaScript" src="./js/jquery-3.4.1.js"></script>
</head>
<body>
    <p class="c1">P-1</p>
    <p class="c1" id="p2">P-2</p>
    <p class="c2" id="p3">P-3</p>
</body>
</html>
<script type="text/JavaScript">
    $(".c1").css("border", "3px solid blue");
    $(".c2").css("border", "3px solid green");
</script>
```

运行结果如下图所示。

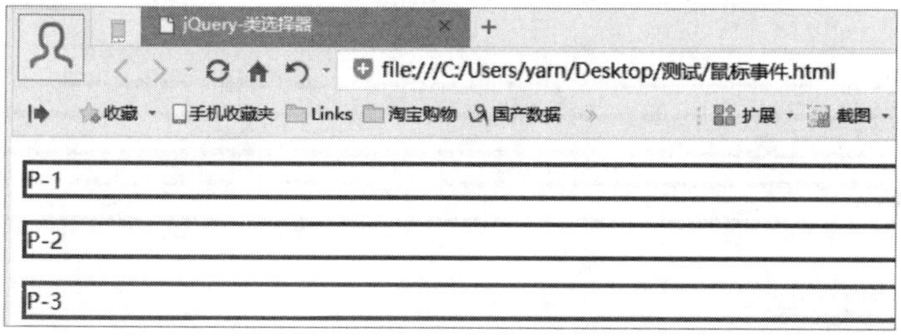

12.2.3 标记选择器

标记选择器又称为元素选择器，根据给定的 HTML 元素名选择所有元素。jQuery 使用 JavaScript 的原生 getElementsByTagName()实现。标记选择器的语法如下：

```
$("标记名称")
```

在下面的实例中有 3 个<p>标签，现在通过标记选择器将<p>标签的边框加上红色。

```
<div>div-1</div>
<p class="c1">P-1</p>
<p class="c1"id="p2">P-2</p>
<p class="c2"id="p3">P-3</p>
```

下面是通过标记找相应的标签：

```
$("p")    //找到所有的 p 标签
```

```
示例代码：
<!DOCTYPE html>
<html>
<head>
  <meta charset="UTF-8">
```

```
  <title>jQuery-标记选择器</title>
<script type="text/JavaScript" src="./js/jquery-3.4.1.js"></script>
</head>
<body>
   <p class="c1">P-1</p>
   <p class="c1" id="p2">P-2</p>
   <p class="c2" id="p3">P-3</p>
</body>
</html>
<script type="text/JavaScript">
   $("p").css("border", "5px solid red");
</script>
```

运行结果如下图所示。

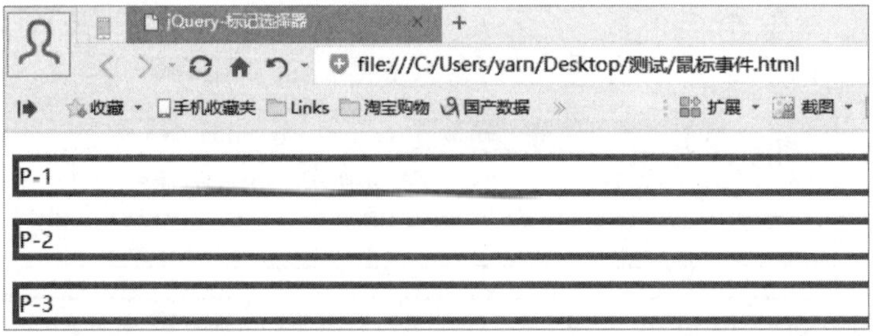

12.2.4 属性选择器

属性选择器是基于属性定位元素的。可以只指定该元素的某个属性，这样所有使用该属性而不管它的值，这个元素都将被定位；也可以更加明确并定位在这些属性上使用特定值的元素，这就是属性选择器展示它们用途的地方。下表是一些属性选择器。

选　择　器	描　　述
$("[属性名]")	匹配所有具有指定属性的元素
$("[属性名='值']")	匹配与值相等的元素
$("[属性名！='值']")	匹配与值不相等的元素
$("[属性名^='值']")	匹配以值开头的元素
$("[属性名$='值']")	匹配以值结尾的元素
$("[属性名*='值']")	匹配包含值的元素

在下面的实例中，先测试表格中的前三个选择器：$("[属性名]")将具有 name 属性的 div 的背景设置成黄色；$("[属性名='值']")将 name 属性值等于 p1 的 div 元素加上红色框；$("[属性名！='值']")将 name 属性值不等于 p1 的 div 元素加上蓝色框。

```
示例代码：
<!DOCTYPE html>
<html>
<head>
```

```
    <meta charset="UTF-8">
    <title>jQuery-属性选择器</title>
  <script type="text/JavaScript" src="./js/jquery-3.4.1.js"></script>
  </head>
  <body>
      <h2>属性选择器</h2>
      <h3>[属性名]、[属性名='值']、[属性名!='值']</h3>
          <div class="div" testattr="true" name='p1'>
              <a>[属性名='值']</a>
          </div></br>
          <div class="div" testattr="true" name='p2'>
              <a>[属性名! ='值']</a>
          </div></br>
          <div class="div" testattr="true" name='p3'>
              <a>[属性名! ='值']</a>
          </div></br>
          <div class="div" testattr="true" >
              <a>没有 name 属性</a>
          </div>
  </body>
  </html>
  <script type="text/JavaScript">
      //查找所有 div 中，属性 name=p1 的 div 元素，加红色框
      $("div[name='p1']").css("border", "5px groove red");
  </script>
  <script type="text/JavaScript">
      //查找所有 div 中，属性 name!=p1 的 div 元素，加蓝色框
      $("div[name!='p1']").css("border", "5px groove blue");
  </script>
  <script type="text/JavaScript">
      //查找所有 div 中，有 name 属性的 div 元素，背景变为黄色
      $("div[name]").css("background", "yellow");
  </script>
```

运行结果如下图所示。

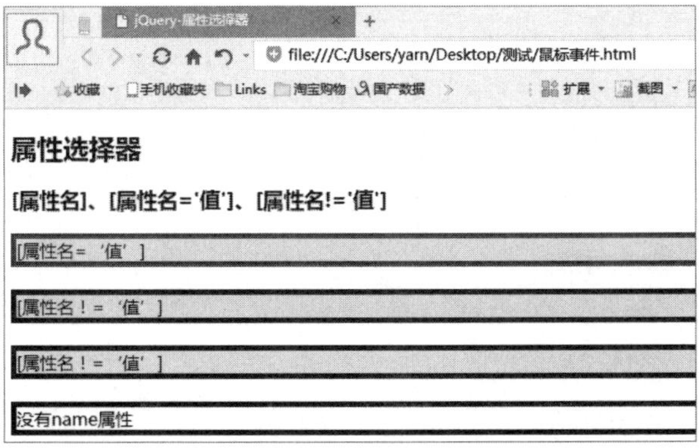

在下面的实例中，测试表格中的后三个选择器：$("[属性名^='值']")将以"en"开头的 name 属性值的 div 元素加上红色框；$("[属性名$='值']")将以"html"结尾的 name 属性值的 div 元素加上蓝色框；$("[属性名*='值']")将包含"o"的 name 属性值的 div 元素的背景设置成黄色。

```
示例代码：
<!DOCTYPE html>
<html>
<head>
  <meta charset="UTF-8">
  <title>jQuery-属性选择器</title>
<script type="text/JavaScript" src="./js/jquery-3.4.1.js"></script>
</head>
<body>
    <h2>属性选择器</h2>
    <h3>[属性名^='值']、[属性名$='值']、[属性名*='值']</h3>

        <div class="div" testattr="true" name='enpenc'>
            <a>[属性名='值']</a>
        </div></br>
        <div class="div" testattr="true" name='show.html'>
            <a>[属性名！='值']</a>
        </div></br>
        <div class="div" testattr="true" name='hideo'>
            <a>[属性名！='值']</a>
        </div>
</body>
</html>
<script type="text/JavaScript">
    //匹配 name 属性值以 en 开头的 div 元素，加红色框
    $("div[name^='en']").css("border", "5px groove red");
</script>
<script type="text/JavaScript">
    //匹配 name 属性值以 html 结尾的 div 元素，加蓝色框
    $("div[name$='html']").css("border", "5px groove blue");
    //匹配 name 属性值包含“o”的 div 元素，背景变为黄色
    $("div[name*='o']").css("background", "yellow");
</script>
```

运行结果如下图所示。

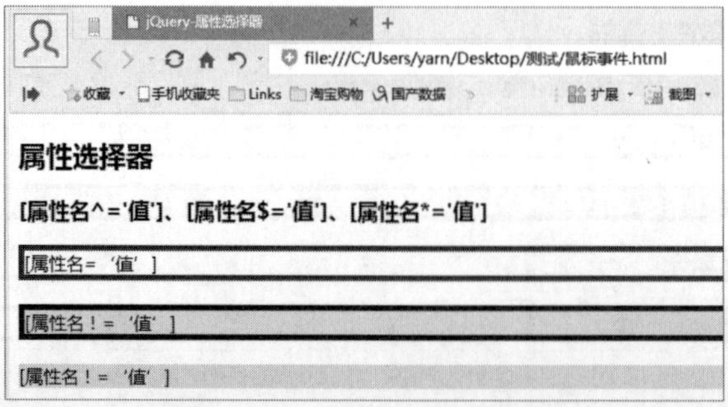

12.2.5 位置选择器

位置选择器是 jQuery 提供的一系列筛选选择器，可以更快捷地找到所需的 DOM 元素。位置选择器很多都不是 CSS 的规范，而是 jQuery 为了开发者的便利延展出来的选择器。位置选择器的用法与 CSS 中的伪元素相似，选择器用冒号（:）开头。下表是一些位置选择器。

选 择 器	描 述
$("selector:first")	匹配第一个元素
$("selector:last")	匹配最后一个元素
$("selector:odd")	匹配索引值为奇数的元素，从 0 开始计数
$("selector:even")	匹配索引值为偶数的元素，从 0 开始计数
$("selector:eq(n)")	匹配集合中索引值为 n 的元素
$("selector:gt(n)")	匹配集合中索引值大于 n 的元素
$("selector:lt(n)")	匹配集合中索引值小于 n 的元素

注：jQuery 合集都是从 0 开始索引的；gt 是一个段落筛选，从指定索引的下一个开始，gt(1)实际是从 2 开始的。

在下面的实例中，选择第一个 div，将里面的汉字颜色设置为蓝色；选择最后一个 div，将里面的汉字颜色设置为红色；选择索引值为偶数的 div，将 div 的背景设置为粉色；选择索引值为奇数的 div，将 div 的背景设置为黄色。

```
示例代码：
<!DOCTYPE html>
<html>
<head>
  <meta charset="UTF-8">
  <title>jQuery-位置选择器</title>
<script type="text/JavaScript" src="./js/jquery-3.4.1.js"></script>
</head>
<body>
    <h2>位置筛选器</h2>
    <h3>$("selector:first")、$("selector:last")、
    $("selector:odd")、$("selector:even")</h3>
        <div class="div">
            <p>第一个:first</p>
            <p>偶数:even</p>
        </div>
        <div class="div">
            <p>奇数:odd</p>
        </div>
        <div class="div">
            <p>偶数:even</p>
        </div>
        <div class="div">
            <p>奇数:odd</p>
        </div>
```

```
        <div class="div">
            <p>偶数:even</p>
        </div>
        <div class="div">
            <p>最后一个:last</p>
            <p>奇数:odd</p>
        </div>
</body>
</html>
<script type="text/JavaScript">
    //找到第一个 div
    $(".div:first").css("color", "blue");
</script>
<script type="text/JavaScript">
    //找到最后一个 div
    $(".div:last").css("color", "red");
</script>
<script type="text/JavaScript">
    //:even 选择所引值为偶数的元素, 从 0 开始计数
    $(".div:even").css("background", "pink");
</script>
<script type="text/JavaScript">
    //:odd 选择所引值为奇数的元素, 从 0 开始计数
    $(".div:odd").css("background", "yellow");
</script>
```

运行结果如下图所示。

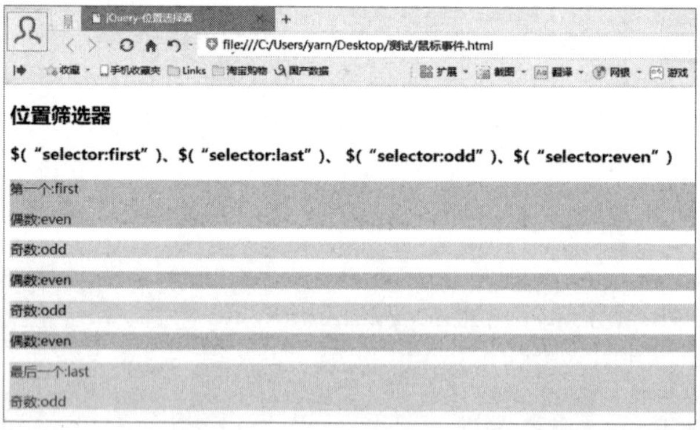

在下面的实例中，选择索引值等于 2 的 div，加上绿色边框；选择索引值小于 3 的 div，将 div 的背景色设置为粉色；选择索引值大于 3 的 div，将背景色设置为红色。

```
示例代码:
<!DOCTYPE html>
<html>
<head>
  <meta charset="UTF-8">
  <title>jQuery-位置选择器</title>
<script type="text/JavaScript" src="./js/jquery-3.4.1.js"></script>
```

```
</head>
<body>
    <h2>位置筛选器</h2>
    <h3>$("selector:eq(n)")、$("selector:gt(n)")、
    $("selector:lt(n)")</h3>
       <div class="test">
           <p>索引值为 0:lt(3)</p>
        </div>
        <div class="test">
           <p>索引值为 1:lt(3)</p>
        </div>
        <div class="test">
           <p>索引值为 2:eq(2)和 lt(3)</p>
        </div>

        <div class="test">
           <p>索引值为 3:eq(3)</p>
        </div>
        <div class="test">
           <p>索引值为 4:gt(3)</p>
        </div>
</body>
</html>
<script type="text/JavaScript">
    //:eq 选择单个
    $(".test:eq(2)").css("border", "5px groove green");
</script>
<script type="text/JavaScript">
    //:gt 选择匹配集合中所有索引值大于给定 index 参数的元素
    $(".test:gt(3)").css("background", "red");
</script>
<script type="text/JavaScript">
    //:lt 选择匹配集合中所有索引值小于给定 index 参数的元素
    $(".test:lt(3)").css("background", "pink");
</script>
```

运行结果如下图所示。

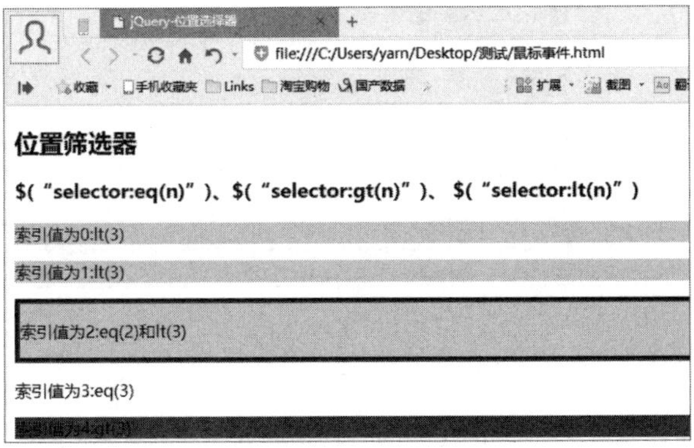

12.2.6 后代选择器

后代选择器，就是在给定祖先元素下匹配所有的后代元素，一个元素的后代可能是该元素的一个孩子、孙子、曾孙等。后代选择器中间是空格，它的语法如下：

```
$("选择器 1 选择器 2 ……")
```

在下面的实例中，找到 id 为 test 的<ul>匹配所有后代的<li>标签，包括 id 为 test 的<ul>标签里<li>中的<li>标签，将<li>加上红色边框。

```
示例代码：
<!DOCTYPE html>
<html>
<head>
  <meta charset="UTF-8">
  <title>jQuery-位置选择器</title>
<script type="text/JavaScript" src="./js/jquery-3.4.1.js"></script>
</head>
<body>
    <ul id="test">
        <li>Li-1</li>
        <li>Li-2</li>
        <li>Li-3
            <ul>
                <li>Li-3-1</li>
                <li>Li-3-2</li>
                <li>Li-3-3</li>
            </ul>
        </li>
    </ul>
</body>
</html>
<script type="text/JavaScript">
    $("#test li").css("border", "2px solid red");
</script>
```

运行结果如下图所示。

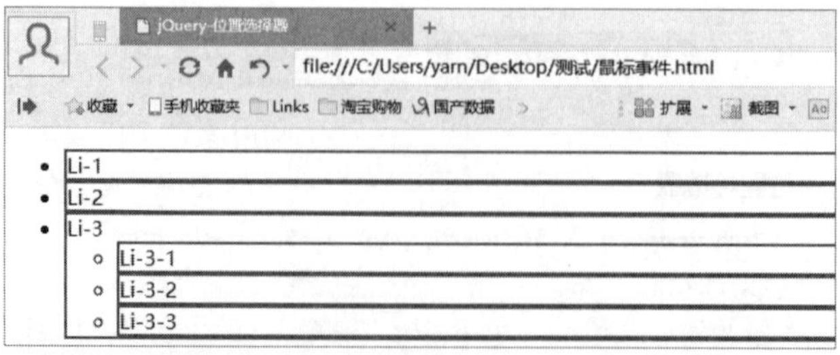

12.2.7 子代选择器

子代选择器，是在给定父元素下匹配所有的子元素，这里的子元素只能是自己的孩子元素，不能是孙子、曾孙里面的元素。后代选择器得到的内容包含子代选择器选择的内容。子代选择器的语法如下：

```
$("选择器 1>选择器 2>……")
```

在下面的实例中，找到 id 为 test 的<ul>匹配所有子代的<li>标签（不包括<li>标签中的<li>标签），将<li>加上红色边框。

```
示例代码:
<!DOCTYPE html>
<html>
<head>
  <meta charset="UTF-8">
  <title>jQuery-子代选择器</title>
<script type="text/JavaScript" src="./js/jquery-3.4.1.js"></script>
</head>
<body>
    <ul id="test">
        <li>Li-1</li>
        <li>Li-2</li>
        <li>Li-3
            <ul>
                <li>Li-3-1</li>
                <li>Li-3-2</li>
                <li>Li-3-3</li>
            </ul>
        </li>
    </ul>
</body>
</html>
<script type="text/JavaScript">
    $("#test>li").css("border", "2px solid red");
</script>
```

运行结果如下图所示。

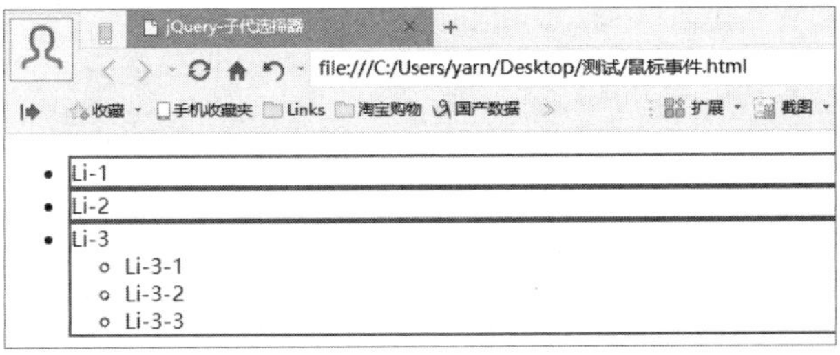

12.2.8　选择器对象

选择器对象找的是页面元素，选择器中存放的是一个个 HTML 节点元素。

选择器对象相关方法如下表所示。

方　法	描　述
$("选择器").each(function(index){this})	选择器对象的遍历
$("选择器").find()	找前面选择器匹配到的元素的子元素
$("选择器").not()	在前面选择器匹配到的元素中去除某个或者某几个
$("选择器").add()	在前面选择器中再追加节点

在下面的实例中，通过类选择器$(.c1)找到两个<p>标签，然后遍历，会出现两次弹框，弹框的内容是 HTML 节点对象。

```
示例代码：
<!DOCTYPE html>
<html>
<head>
  <meta charset="UTF-8">
  <title>jQuery-选择器对象</title>
<script type="text/JavaScript" src="./js/jquery-3.4.1.js"></script>
</head>
<body>
    <p class="c1">段落 1</p>
    <p class="c1" id="p2">
        <a href="" id="a1">段落 2.1</a>
    </p>
    <p class="c2">段落 3</p>
</body>
</html>
<script type="text/JavaScript">
    $(".c1").each(function(index){
        alert(this);
});//选择器中放的是节点对象
</script>
```

运行结果如下图所示。

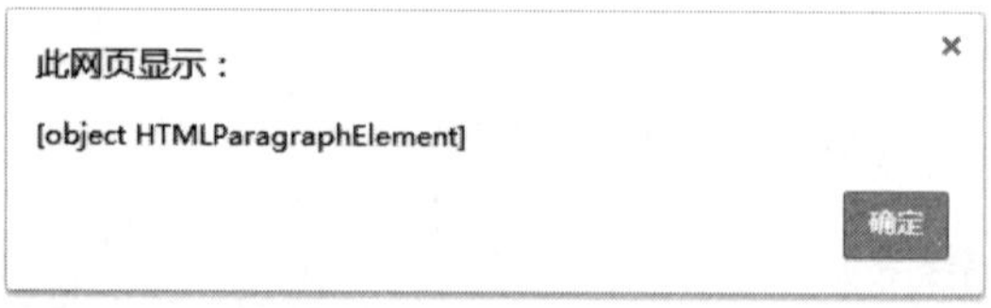

在下面的实例中，通过类选择器$(.c1)找到两个<p>标签，然后通过 find()找到 id 为 a1 的子元素，并加上红色边框；通过类选择器$(.c1)找到两个<p>标签，然后通过 not()去除 id 为 p2 的第二个<p>标签，将第一个<p>标签加上蓝色边框；通过类选择器$(.c2)找到一个<p>标签，然后通过 add()将类别名为 c3 的<p>标签追加上，将这两个<p>标签加上绿色边框。

```
示例代码：
<!DOCTYPE html>
<html>
<head>
```

```
    <meta charset="UTF-8">
    <title>jQuery-选择器对象</title>
  <script type="text/JavaScript" src="./js/jquery-3.4.1.js"></script>
  </head>
  <body>
     <p class="c1">段落 1</p>
     <p class="c1" id="p2">
        <a href="" id="a1">段落 2.1</a>
        <a href="" >段落 2.2</a>
     </p>
     <p class="c2">段落 3</p>
     <p class="c3">段落 4</p>

  </body>
  </html>
  <script type="text/JavaScript">
     //find()，找前面选择器匹配到的元素的子元素
     $(".c1").find("#a1").css("border", "2px solid red");
     //not()，在前面选择器匹配到的元素中去除某个元素
     $(".c1").not("#p2").css("border", "2px solid blue");
     //add()，在前面选择器中追加节点
     $(".c2").add(".c3").css("border", "2px solid green");
  </script>
```

运行结果如下图所示。

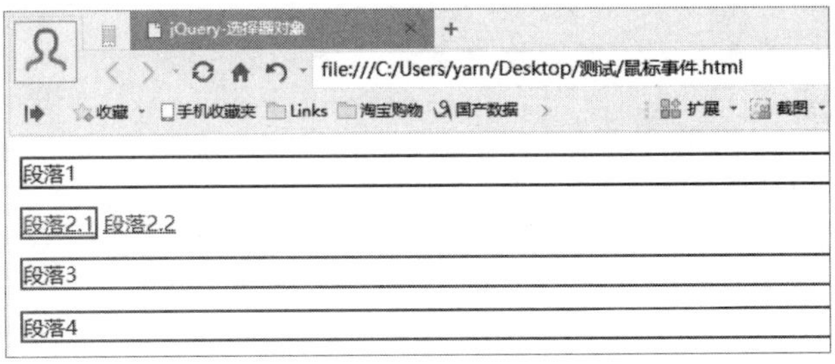

12.2.9 选择器对象遍历应用及页面初始化

12.2.9.1 选择器对象遍历应用

例如，有 5 个<li>标签，为每个<li>标签加上 title 属性（title 属性是将鼠标放在<li>标签上会出现提示语）。

这就需要先遍历上述 5 个<li>标签，然后追加 title 属性。运行结果不方便截图，但可以通过以下代码自行测试，然后将鼠标分别放在<li>上看是否会出现提示语。

```
示例代码：
<!DOCTYPE html>
<html>
<head>
```

```
  <meta charset="UTF-8">
  <title>为每个 li 加 title 属性</title>
<script type="text/JavaScript" src="./js/jquery-3.4.1.js"></script>
</head>
<body>
    <ul id="test">
        <li>段落 1</li>
        <li>段落 2</li>
        <li>段落 3</li>
        <li>段落 4</li>
        <li>段落 5</li>
    </ul>
</body>
</html>
<script type="text/JavaScript">
    $("#test li").each(function(index){
        this.title="我是第"+(index+1)+"个";
    });
</script>
```

12.2.9.2 页面初始化

将 jQuery 的函数放在页面的最下方，是为了等页面加载结束之后再运行代码，其实可以将代码放在<head>标签中。只需将 jQuery 的函数代码放到以下函数就可以等到页面加载结束再运行。

```
<!DOCTYPE html>
<html>
<head>
  <meta charset="UTF-8">
  <title>页面初始化</title>
<script type="text/JavaScript" src="./js/jquery-3.4.1.js"></script>
<script type="text/JavaScript">
    $(function(){
        //一定会在页面加载完成后运行
    })
</script>
</head>
</html>
```

12.3 jQuery 中的 DOM 操作

DOM 是 Document Object Model 的缩写，意思是文档对象模型。DOM 是一种与浏览器、平台、语言无关的接口，使用该接口能够很容易地访问页面中全部的组件。jQuery 中的 DOM 操作就是对 HTML 中的元素进行操作。对 HTML 元素的操作有查找、创建、插入、删除、复制和替换等。

12.3.1　查找 HTML 元素

12.3.1.1　查找元素节点

在下面的实例中，获取<p>标签元素，并将它的文本内容“床前明月光”打印出来。

```
示例代码:
<!DOCTYPE html>
<html>
<head>
  <meta charset="UTF-8">
  <title>jQuery-查找 HTML 元素</title>
<script type="text/JavaScript" src="./js/jquery-3.4.1.js"></script>
<script type="text/JavaScript">
    $(document).ready(function(){
        //测试 text()
        $("#btn1").click(function(){
            alert("文本内容: " + $("#test0").text());
        });
    });
</script>
</head>
<body>
<p id="test0">床前明月光</p>
<button id="btn1">显示文本 text()</button>
</body>
</html>
```

运行结果如下图所示。

12.3.1.2　查找元素属性

利用选择器查找到需要的元素之后，就可以通过 attr()获取它的各种属性的值。在下面的实例中，<p>标签含有 title 属性，单击“显示 title 属性的值”按钮会弹框显示 title 属性值。

```
示例代码:
<!DOCTYPE html>
<html>
<head>
  <meta charset="UTF-8">
  <title>jQuery-查找 HTML 元素</title>
<script type="text/JavaScript" src="./js/jquery-3.4.1.js"></script>
<script type="text/JavaScript">
    $(document).ready(function(){
        $("button").click(function(){
            alert($("p").attr("title"));
        });
    });
</script>
</head>
<body>
<p title="标签<p>的属性">锄禾日当午</p>
<button>显示 title 属性的值</button>
</body>
</html>
```

运行结果如下图所示。

12.3.2 创建 HTML 元素

在 DOM 操作中，有时候常常需要动态地创建 HTML 元素，使文档在浏览器中呈现出不同的效果。例如，在<ul>标签中需要动态添加两个<li>标签，这就需要创建两个<li>元素，然后添加到<ul>标签中。

创建<li>元素可以使用 jQuery 的工厂函数$()完成，格式如下：

```
$( html );
```

$(html)方法会根据传入的 HTML 标记字符串，创建一个 DOM 对象，并将这个 DOM 对象包装成一个 jQuery 对象后返回。创建两个<li>元素之后，将这两个新元素插入文档中，再使用 jQuery 中的 append()。在下面的示例中，当单击“增加两个 HTML 元素”按钮时，就会创建 HTML 元素添加到文档中，将古诗的后两句补充完整。

```
示例代码:
<!DOCTYPE html>
<html>
<head>
  <meta charset="UTF-8">
  <title>jQuery-创建 HTML 元素</title>
<script type="text/JavaScript" src="./js/jquery-3.4.1.js"></script>
<script type="text/JavaScript">
    $(document).ready(function(){
        var $li1 = $("<li>谁知盘中餐</li>");
        var $li2 = $("<li>粒粒皆辛苦</li>");
        $("button").click(function(){
            $("ul").append($li1);
            $("ul").append($li2);
        });
    });
</script>
</head>
<body>
    <ul>
        <li>锄禾日当午</li>
        <li>汗滴禾下土</li>
    </ul>
    <button>增加两个 HTML 元素</button>
</body>
</html>
```

运行结果如下图所示。

12.3.3　插入 HTML 元素

动态地创建 HTML 元素其实是为了创建之后插入文档中，插入 HTML 元素中最简单的方法就是将新创建的 HTML 元素插入文档中某个元素的子元素中，这就是前面介绍的 append()。其实，将新创建的元素插入文档中的方法不止一种，下表罗列了一些插入 HTML 元素的方法。

方　法	描　述
append()	向每个匹配的元素内部追加内容
appendTo()	将所有匹配的元素追加到另一个指定的元素集合中。实际上，使用这个方法是颠倒了常规的$(A).append(B)的操作，即不是将 B 追加到 A 中，而是将 A 追加到 B 中
prepend()	向每个匹配的元素内部前置内容
prependTo()	将所有匹配的元素前置到另一个指定的元素集合中。实际上，使用这个方法是颠倒了常规的$(A).prepend(B)的操作，即不是将 B 前置到 A 中，而是将 A 前置到 B 中
after()	在每个匹配的元素之后插入内容
insertAfter()	将所有匹配的元素插入另一个指定的元素集合的后面。实际上，使用这个方法是颠倒了常规的$(A).after(B)的操作，即不是将 B 插入 A 后面，而是将 A 插入 B 后面
before()	在每个匹配的元素之前插入内容
insertBefore()	将所有匹配的元素插入另一个指定的元素集合的前面。实际上，使用这个方法是颠倒了常规的$(A).before(B)的操作，即不是将 B 插入 A 前面，而是将 A 插入 B 前面

下面对上表中的部分方法进行解释说明。

- append()：在被选元素的结尾插入内容。

在下面的实例中，单击“添加目录”按钮，在原来目录 3 的后面新增目录 4，再单击“添加目录”按钮，再在目录 4 的后面增加目录 4，总是在最后一个的后面新增。

```
示例代码：
<!DOCTYPE html>
<html>
<head>
  <meta charset="UTF-8">
  <title>jQuery-插入 HTML 元素</title>
<script type="text/JavaScript" src="./js/jquery-3.4.1.js"></script>
<script type="text/JavaScript">
    $(document).ready(function(){
        $("#btn1").click(function(){
            $("ol").append("<li>追加目录 4</li>");
        });
    });
</script>
</head>
<body>
<ol>
<li>目录 1</li>
<li>目录 2</li>
<li>目录 3</li>
```

```
</ol>
<button id="btn1">添加目录</button>
</body>
</html>
```

运行结果如下图所示。

- prepend()：在被选元素的开头插入内容。

在下面的实例中，单击“添加目录”按钮，在原来目录 1 的前面新增追加目录 4，再单击“添加目录”按钮，再在追加目录 4 的前面增加追加目录 4，总是在第一个的前面新增。

```
示例代码：
<!DOCTYPE html>
<html>
<head>
  <meta charset="UTF-8">
  <title>jQuery-插入 HTML 元素</title>
<script type="text/JavaScript" src="./js/jquery-3.4.1.js"></script>
<script type="text/JavaScript">
    $(document).ready(function(){
        $("#btn1").click(function(){
            $("ol").prepend("<li>追加目录 4</li>");
        });
    });
</script>
</head>
<body>
<ol>
<li>目录 1</li>
<li>目录 2</li>
<li>目录 3</li>
</ol>
<button id="btn1">添加目录</button>
</body>
</html>
```

运行结果如下图所示。

- after()：在被选元素之后插入内容。

在下面的实例中，单击“之后插入”按钮，在标题 2 的后面（也就是标题 2 和标题 3 之间）插入“之后”，再单击“之后插入”按钮，再在标题 2 的后面插入“之后”。after()和 append()的区别在于：append()是在被选中元素里面的后面插入，而 after()是在被选中元素的后面插入。

```
示例代码：
<!DOCTYPE html>
<html>
<head>
  <meta charset="UTF-8">
  <title>jQuery-插入 HTML 元素</title>
<script type="text/JavaScript" src="./js/jquery-3.4.1.js"></script>
<script type="text/JavaScript">
    $(document).ready(function(){
        $("#btn2").click(function(){
            $("h2").after("<b>之后</b>");
        });
    });
</script>
</head>
<body>
<h1>标题 1</h1>
    <h2>标题 2</h2>
    <h3>标题 3</h3>
<button id="btn2">之后插入</button>
</body>
</html>
```

运行结果如下图所示。

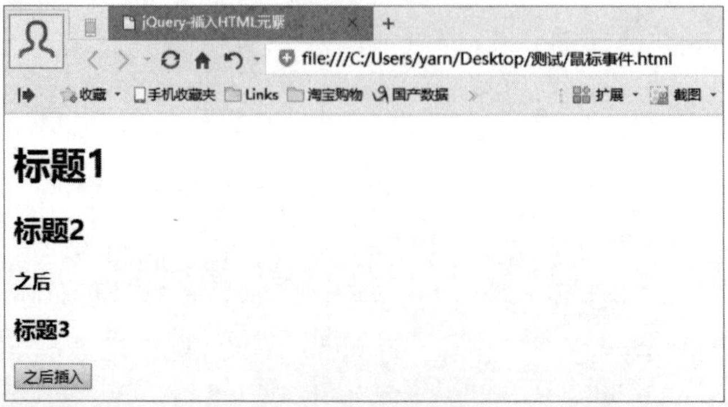

- before()：在被选元素之前插入内容。

在下面的实例中，单击“之前插入”按钮，在标题 2 的前面（也就是标题 1 和标题 2 之间）插入“之前”，再单击“之前插入”按钮，再在标题 2 的前面插入“之前”二字。before()和 prepend()的区别在于：prepend()是在被选中元素的开头（位于内部）插入，而 before()是在被选中元素的前面插入。

```
示例代码：
<!DOCTYPE html>
<html>
<head>
  <meta charset="UTF-8">
  <title>jQuery-插入 HTML 元素</title>
<script type="text/JavaScript" src="./js/jquery-3.4.1.js"></script>
<script type="text/JavaScript">
    $(document).ready(function(){
        $("#btn1").click(function(){
            $("h2").before("<b>之前</b>");
        });
    });
</script>
</head>
<body>
    <h1>标题 1</h1>
    <h2>标题 2</h2>
    <h3>标题 3</h3>
<button id="btn1">之前插入</button>
</body>
</html>
```

运行结果如下图所示。

12.3.4 删除 HTML 元素

如果文档中某一个元素多余，那么应该将其删除，通过 jQuery 可以很容易地删除已有的 HTML 元素。删除 HTML 元素一般使用 jQuery 的 remove()和 empty()，下面分别介绍这两个方法。

12.3.4.1 remove()

remove()的作用是从 DOM 中删除被选元素及其子元素。也就是说，如果某个 HTML 元素被删除，那么它的后代 HTML 元素也都被删除。在下面的实例中，<div>标签中含有文字和两个<p>标签，当单击“移除 div 元素”按钮时，<div>及<div>里面的<p>标签也将被删除。

```
示例代码：
<!DOCTYPE html>
<html>
<head>
  <meta charset="UTF-8">
  <title>jQuery-删除 HTML 元素</title>
<script type="text/JavaScript" src="./js/jquery-3.4.1.js"></script>
<script type="text/JavaScript">
    $(document).ready(function(){
        $("button").click(function(){
            $("#div1").remove();
        });
    });
</script>
</head>
<body>
<div id="div1" style="height:100px;width:300px;border:1px solid black;
background-color:yellow;">
这是 div 中的一些文本。
<p title="1">div 中的段落一。</p>
<p title="2">div 中的段落二。</p>
</div>
<br>
<button>移除 div 元素</button>
</body>
</html>
```

运行结果如下图所示。

12.3.4.2 empty()

empty()的作用并不是删除 HTML 元素，而是清空 HTML 元素，能够清空选中的 HTML 元素中所有后代 HTML 元素。在下面的实例中，<div>标签中含有文字和两个<p>标签，当单击“清空 div 元素”按钮时，<div>中的文字内容和<p>标签被删除。

示例代码：

```
<!DOCTYPE html>
<html>
<head>
  <meta charset="UTF-8">
  <title>jQuery-删除 HTML 元素</title>
<script type="text/JavaScript" src="./js/jquery-3.4.1.js"></script>
<script type="text/JavaScript">
    $(document).ready(function(){
        $("button").click(function(){
            $("#div1").empty();
        });
    });
</script>
</head>
<body>
<div id="div1" style="height:100px;width:300px;border:1px solid black;
background-color:yellow;">
这是 div 中的一些文本。
<p title="1">div 中的段落一。</p>
<p title="2">div 中的段落二。</p>
</div>
<br>
<button>清空 div 元素</button>
</body>
</html>
```

运行结果如下图所示。

12.3.5 复制 HTML 元素

clone()的作用是复制 HTML 元素，换句话说，就是克隆匹配 DOM 元素并且选中这些克隆的副本。如果想把 DOM 文档中元素的副本添加到其他位置上，那么这个函数非常有用。在下面的实例中，单击<button>按钮会将<p>标签复制后插入<body>里面的最后，如果再单击<button>按钮，还会将之前的<p>标签及上次复制的<p>标签再复制一次并插入<body>里面的最后。

```
示例代码：
<!DOCTYPE html>
<html>
<head>
  <meta charset="UTF-8">
  <title>jQuery-复制 HTML 元素</title>
<script type="text/JavaScript" src="./js/jquery-3.4.1.js"></script>
<script type="text/JavaScript">
    $(document).ready(function(){
        $("button").click(function(){
                $("body").append($("p").clone());
        });
    });
</script>
</head>
<body>
<p>二月春风似剪刀</p>
<button>复制 p 元素，然后追加到 body 元素</button>
</body>
</html>
```

运行结果如下图所示。

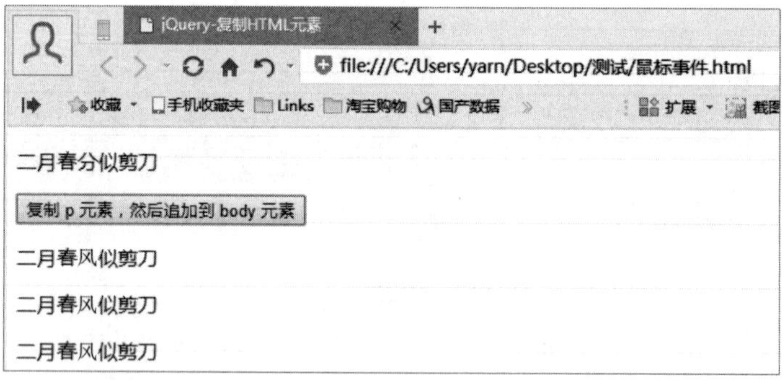

12.3.6 替换 HTML 元素

替换 HTML 元素，jQuery 提供了 replaceWith()和 replaceAll()两个方法。

- replaceWith()：将所有匹配的元素替换成指定的 HTML 元素或 DOM 元素。
- replaceAll(selector)：用匹配的元素替换所有 selector 匹配到的元素。

其实上述两个方法的作用是一样的，只是用法不同，如果将 A 元素替换成 B 元素，replaceWith()的写法是 A.replaceWith("B")，replaceAll()的写法是 B.replaceAll("A")。在下面的实例中，将古诗“锄禾日当午”替换成“苹果爱上大鸭梨”，单击“替换 HTML 元素”按钮，触发 click()函数执行 replaceWith()方法。

```
示例代码：
<!DOCTYPE html>
<html>
<head>
```

```
    <meta charset="UTF-8">
    <title>jQuery-替换 HTML 元素</title>
  <script type="text/JavaScript" src="./js/jquery-3.4.1.js"></script>
  <script type="text/JavaScript">
      $(document).ready(function(){
          $("button").click(function(){
              $("ul li:eq(0)").replaceWith("<li>苹果爱上大鸭梨</li>")
          });
      });
  </script>
  </head>
  <body>
      <ul>
          <li>锄禾日当午</li>
          <li>汗滴禾下土</li>
          <li>谁知盘中餐</li>
          <li>粒粒皆辛苦</li>
      </ul>
      <button>替换 HTML 元素</button>
  </body>
  </html>
```

运行结果如下图所示。

注意：如果在替换之前已经为 uansu 绑定事件，替换后原先为 uansu 绑定的事件将消失，那么需要在新的元素上重新绑定事件。

12.4　jQuery 事件

页面对不同访问者的响应称为事件。jQuery 事件处理方法是 jQuery 中的核心函数。事件处理程序指的是当 HTML 中发生某些事件时所调用的方法。术语由事件“触发”（或者“激发”）经常会被使用。常见的事件和事件方法如下表所示。

鼠 标 事 件	键 盘 事 件	表 单 事 件	文档窗口事件
click	keypress	submit	scroll
mouseenter	keydown	change	resize
hover	keyup	focus	
……	……	……	……

12.4.1 事件绑定

12.4.1.1 事件绑定语法

在文档装载完成后，如果打算为元素绑定事件完成某些操作，则可以使用 bind()方法对匹配元素进行特定事件的绑定，bind()方法的格式如下：

```
bind(type,[data],fn);
```

bind()有 3 个参数，简要说明如下。

type：含有一个或者多个事件类型的字符串，由空格分隔多个事件。例如，"click"或者"submit"，还可以是自定义事件名。事件方法包括 click()、blur()、focus()、mouseover()、mouseout()、mousemove()、mousedown()、mouseup()、mouseenter()、mouseleave()、resize()、scroll()、keydown()、keyup()、keypress()。

data：作为 event.data 属性值传递给事件对象的额外数据对象。

fn：绑定到每个匹配元素的事件上面的处理函数。

在下面的实例中，文本框绑定 focus 事件，当文本框获得焦点时会触发事件，将“请输入你的电话号码?”显示出来。按照这个实例，需要完成以下几个步骤。

（1）等待 DOM 装载完毕。

（2）找到文本框元素，绑定 focus 事件。

（3）找到文字内容，将文字内容元素显示。

```
示例代码:
<!DOCTYPE html>
<html>
<head>
  <meta charset="UTF-8">
  <title>jQuery-事件绑定</title>
  <script type="text/JavaScript" src="./js/jquery-3.4.1.js"></script>
  <script type="text/JavaScript">
    $(document).ready(function(){
        $("input").bind("focus",function(){
            $("span").show();
        });
    });
</script>
<style>
span
{
display:none;
}
</style>
</head>
```

```
<body>
<input>
<p>单击输入框获取焦点。</p>
<span>请输入你的电话号码?</span>
</body>
</html>
```

运行结果如下图所示。

12.4.1.2　简写绑定事件

click()、mouseover()和 focus()在程序中经常会被使用，jQuery 为此也提供了一套简写的方法。其简写方法和 bind()的使用类似，实现效果也相同，唯一的区别就是只能绑定一个事件，优点是能够减少代码量。将上面绑定事件的例子改写成简写的绑定事件代码。

```
示例代码:
<script type="text/JavaScript">
    $(document).ready(function(){
        $("input").focus(function(){
            $("span").show();
        });
    });
</script>
```

12.4.2　鼠标事件

12.4.2.1　click()

当单击事件被触发时会调用一个函数，该函数在用户单击 HTML 元素时执行。在下面的实例中，当单击事件在<p>元素上触发时，就会产生弹框操作。

```
示例代码:
<!DOCTYPE html>
<html>
<head>
  <meta charset="UTF-8">
  <title>初识 jQuery</title>
  <script type="text/JavaScript" src="./js/jquery-3.4.1.js"></script>
  <script type="text/JavaScript">
    $(document).ready(function(){
        $("p").click(function(){
            alert("click()方法");
```

```
        });
    });
  </script>
</head>
<body>
  <p>如果你点我，就弹框！</p>
</body>
</html>
```

运行结果如下图所示。

在下面的实例中，当单击事件在某个<p>元素上触发时，就会隐藏当前的<p>元素。

```
示例代码：
<!DOCTYPE html>
<html>
<head>
  <meta charset="UTF-8">
  <title>初识 jQuery</title>
  <script type="text/JavaScript" src="./js/jquery-3.4.1.js"></script>
  <script type="text/JavaScript">
    $(document).ready(function(){
        $("p").click(function(){
            $(this).hide();
        });
    });
  </script>
</head>
<body>
<p>如果你点我，我就会消失。</p>
<p>点我消失!</p>
<p>点我也消失!</p>
</body>
</html>
```

运行结果如下图所示。

12.4.2.2　dblclick()

当双击元素时会发生 dblclick 事件。dblclick()方法触发 dblclick 事件，或者规定当发生 dblclick 事件时运行的函数。当鼠标指针停留在元素上方，然后按下并松开鼠标左键时，就会发生一次 click。在很短的时间内发生两次 click，就是一次双击事件。在下面的实例中，当双击事件在某个<p>元素上触发时，隐藏当前的<p>元素。

```
示例代码：
<!DOCTYPE html>
<html>
<head>
  <meta charset="UTF-8">
  <title>初识 jQuery</title>
  <script type="text/JavaScript" src="./js/jquery-3.4.1.js"></script>
  <script type="text/JavaScript">
    $(document).ready(function(){
        $("p").click(function(){
            $(this).hide();
        });
    });
  </script>
</head>
<body>
<p>双击鼠标左键的，我就消失。</p>
<p>双击我消失！</p>
<p>双击我也消失！</p></body>
</html>
```

运行结果如下图所示。

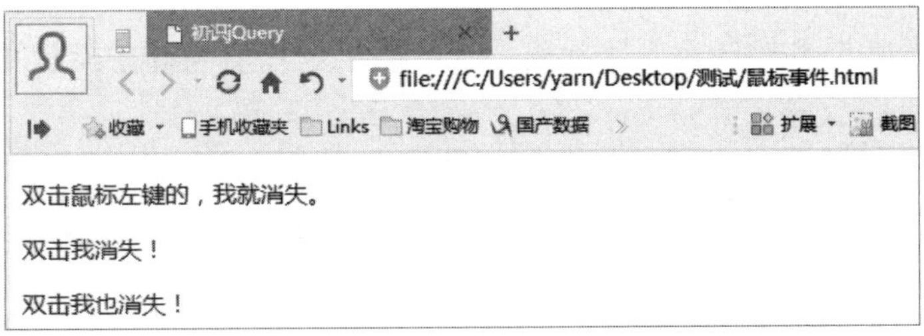

12.4.2.3　mouseenter()

当鼠标指针穿过元素时会发生 mouseenter 事件。mouseenter()方法触发 mouseenter 事件，或者规定当发生 mouseenter 事件时运行的函数。在下面的实例中，当鼠标指针滑过第一行<p>元素时，就会触发事件使第二行<p>元素的文字背景变色。

```
示例代码：
<!DOCTYPE html>
<html>
<head>
  <meta charset="UTF-8">
  <title>初识 jQuery</title>
  <script type="text/JavaScript" src="./js/jquery-3.4.1.js"></script>
  <script type="text/JavaScript">
    $(document).ready(function(){
        $("#p1").mouseenter(function(){
            $("#p2").css('background', 'red');
        });
    });
    </script>
</head>
<body>
<p id="p1">第一行：鼠标指针进入此处，第二行背景变色</p>
</br>
<p id="p2">第二行</p>
</body>
</html>
```

运行结果如下图所示。

12.4.2.4 mouseleave()

当鼠标指针离开元素时会发生 mouseleave 事件。mouseleave()方法触发 mouseleave 事件，或者规定当发生 mouseleave 事件时运行的函数。在下面的实例中，当鼠标指针离开<p>元素时，就会触发弹框事件（首先鼠标需要在元素上，然后离开才能触发事件）。

```
示例代码：
<!DOCTYPE html>
<html>
<head>
  <meta charset="UTF-8">
  <title>初识 jQuery</title>
  <script type="text/JavaScript" src="./js/jquery-3.4.1.js"></script>
  <script type="text/JavaScript">
    $(document).ready(function(){
```

```
        $("#p1").mouseleave(function(){
            alert("再见，您的鼠标离开了该段落。");
        });
    });
</script>
</head>
<body>

<p id="p1">这是一个段落。</p>

</body>
</html>
```

运行结果如下图所示。

12.4.2.5　hover()

hover()方法用于模拟光标悬停事件。当鼠标移动到元素上时，会触发指定的第一个函数（mouseenter）；当鼠标移出这个元素时，会触发指定的第二个函数（mouseleave）。在下面的实例中，当鼠标光标移动到<p>元素上触发 hover()方法时，文字的背景颜色变成绿色；当鼠标光标移出<p>元素时，文字的背景颜色变成粉色。

```
示例代码：
<!DOCTYPE html>
<html>
<head>
  <meta charset="UTF-8">
  <title>jQuery-鼠标事件</title>
  <script type="text/JavaScript" src="./js/jquery-3.4.1.js"></script>
  <script type="text/JavaScript">
    $(document).ready(function(){
    $("#p1").hover(
        function(){
            $("#p1").css('background','green');
```

```
        },
        function(){
            $("#p1").css('background','pink');
        }
    )
});
</script>
</head>
<body>
<p id="p1">这是一个段落。</p>
</body>
</html>
```

运行结果如下图所示。

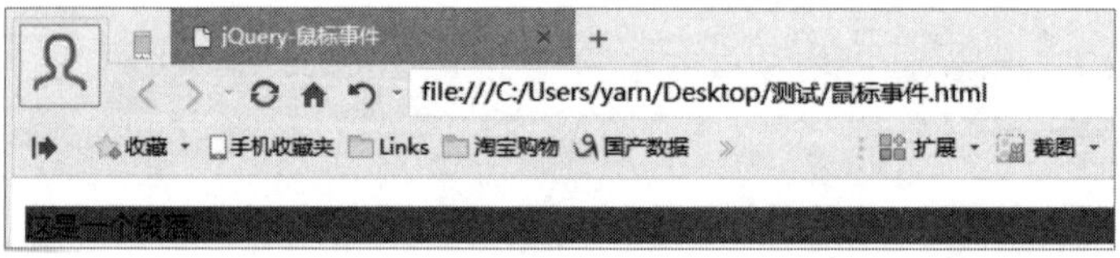

12.4.3 键盘事件

12.4.3.1 keydown()

当键盘或者按钮被按下时，发生 keydown 事件。在下面的实例中，在文本框中输入名称，当键盘按下时，文本框中的背景颜色就会改变。

```
示例代码:
<!DOCTYPE html>
<html>
<head>
  <meta charset="UTF-8">
  <title>jQuery-鼠标事件</title>
  <script type="text/JavaScript" src="./js/jquery-3.4.1.js"></script>
  <script type="text/JavaScript">
    $(document).ready(function(){
        $("input").keydown(function(){
            $("input").css("background-color","yellow");
        });
    });
</script>
</head>
<body>
输入你的名字: <input type="text">
<p>在以上输入框中输入你的名字。在键盘按键按下后输入框背景颜色改变。</p>
</body>
</html>
```

运行结果如下图所示。

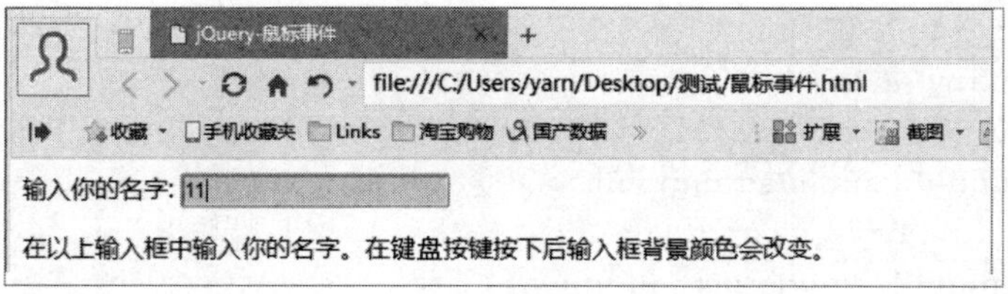

12.4.3.2　keyup()

当键盘的键被松开时发生 keyup 事件。keyup()方法触发 keyup 事件，或者规定当发生 keyup 事件时运行的函数。在下面的实例中，在文本框中输入名称，当键盘的键被松开之后，文本框中的背景会变成红色。

```
示例代码：
<!DOCTYPE html>
<html>
<head>
  <meta charset="UTF-8">
  <title>jQuery-鼠标事件</title>
  <script type="text/JavaScript" src="./js/jquery-3.4.1.js"></script>
  <script type="text/JavaScript">
    $(document).ready(function(){
        $("input").keyup(function(){
            $("input").css("background-color","red");
        });
    });
    </script>
</head>
<body>
输入你的名字：<input type="text">
<p>在以上输入框中输入你的名字。在按键松开后输入框背景颜色变红。</p>
</body>
</html>
```

运行结果如下图所示。

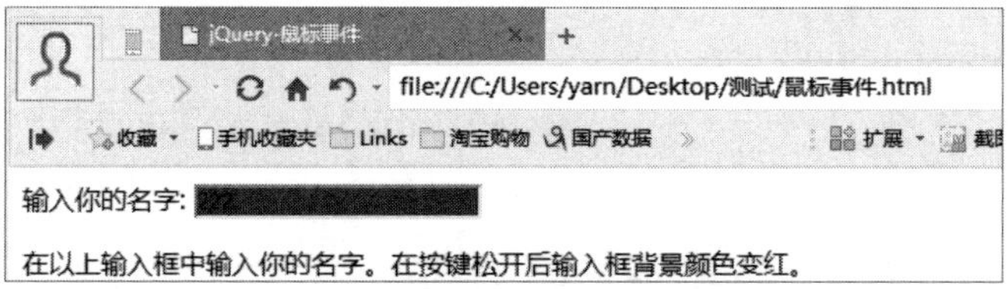

注：keydown 和 keyup 键盘事件可以结合使用，键盘按键按下的过程触发 keydown()，文本框变成黄色，按键松开后触发 keyup()方法文本框变成红色。

```
示例代码如下：
<!DOCTYPE html>
<html>
<head>
```

```
  <meta charset="UTF-8">
  <title>jQuery-鼠标事件</title>
  <script type="text/JavaScript" src="./js/jquery-3.,4.1.js"></script>
  <script type="text/JavaScript">
    $(document).ready(function(){
        $("input").keydown(function(){
            $("input").css("background-color","yellow");
        });
        $("input").keyup(function(){
            $("input").css("background-color","pink");
        });
    });
    </script>
</head>
<body>
输入你的名字: <input type="text">
<p>在以上输入框中输入你的名字。</p>
</body>
</html>
```

12.4.3.3 keypress()

当键盘或者按钮被按下时，发生 keypress 事件。keypress()方法触发 keypress 事件，或者规定当发生 keypress 事件时运行的函数。keypress 事件与 keydown 事件类似。当按钮被按下时，会发生 keypress 事件，发生在当前获得焦点的元素上。但是，与 keydown 事件不同，每插入一个字符，就会发生 keypress 事件。需要注意的是，keypress 事件不会触发所有的键（如 Alt 键、Ctrl 键、Shift 键、Esc 键），但这些键可以被 keydown()方法触发。在下面的实例中，文本框获得光标后输入字符，下面统计按键的次数就会相应增加，输入 3 个 a，则按键的次数就变成 3 次。

```
示例代码:
<!DOCTYPE html>
<html>
<head>
  <meta charset="UTF-8">
 <title>jQuery-鼠标事件</title>
<script type="text/JavaScript" src="./js/jquery-3.4.1.js"></script>
  <script type="text/JavaScript">
    i=0;
    $(document).ready(function(){
        $("input").keypress(function(){
            $("span").text(i+=1);
        });
    });
</script>
</head>
<body>
```

```
输入你的名字: <input type="text">
<p>按键的次数: <span>0</span></p>
</body>
</html>
```

运行结果如下图所示。

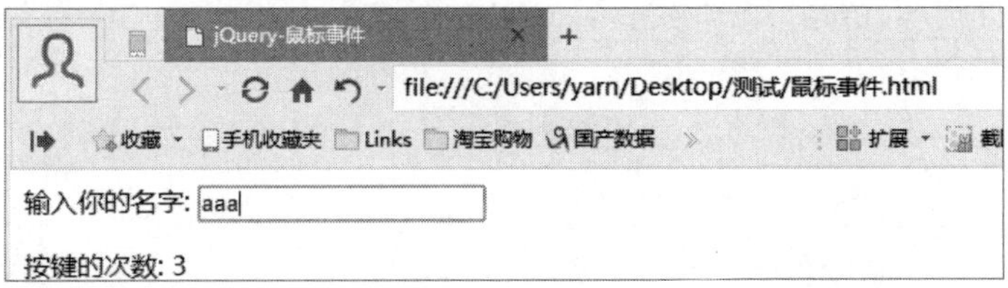

12.4.4　表单事件

12.4.4.1　submit()

当提交表单时，会发生 submit 事件。该事件只适用于<form>元素。submit()方法触发 submit 事件，或者规定当发生 submit 事件时运行的函数。在下面的实例中，在表单的文本框中输入内容，单击“提交”按钮就会触发 submit()方法，出现弹框效果。

```
示例代码:
<!DOCTYPE html>
<html>
<head>
  <meta charset="UTF-8">
  <title>jQuery-表单事件</title>
  <script type="text/JavaScript" src="./js/jquery-3.4.1.js"></script>
  <script type="text/JavaScript">
    $(document).ready(function(){
        $("form").submit(function(){
            alert("提交");
        });
    });
</script>
</head>
<body>
<form action="">
First name: <input type="text" name="FirstName" value=""><br>
Last name: <input type="text" name="LastName" value=""><br>
<input type="submit" value="提交">
</form>
</body>
</html>
```

运行结果如下图所示。

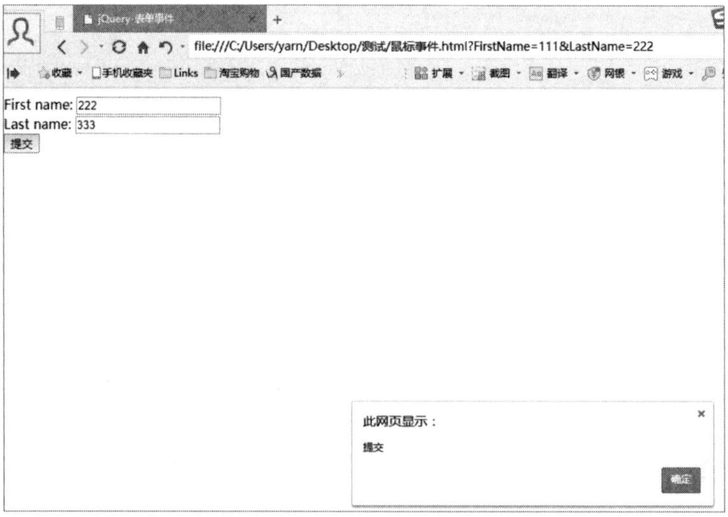

12.4.4.2 change()

当元素的值发生改变时，会发生 change 事件。该事件仅适用于文本域（Text Field），以及 textarea 和 select 元素。当用于 select 元素时，change 事件会在选择某个选项时发生。当用于 text field 或 text area 时，该事件会在元素失去焦点时发生。在下面的实例中，在文本框中输入信息，当按下 Enter 键或单击输入框外部，失去焦点时会触发 change()，产生弹框。

```
示例代码：
<!DOCTYPE html>
<html>
<head>
  <meta charset="UTF-8">
  <title>jQuery-表单事件</title>
  <script type="text/JavaScript" src="./js/jquery-3.4.1.js"></script>
  <script type="text/JavaScript">
    $(document).ready(function(){
        $("input").change(function(){
            alert("文本已被修改");
        });
    });
</script>
</head>
<body>
<input type="text">
<p>在输入框写一些东西，然后按下 Enter 键或单击输入框外部。</p>
</body>
</html>
```

运行结果如下图所示。

12.4.4.3　focus()

当元素获得焦点时，触发 focus 事件。focus()方法触发 focus 事件，或者规定当发生 focus 事件时运行的函数。在下面的实例中，当文本框获得焦点时触发 focus 事件，将文本框背景色变成灰色。

```
示例代码：
<!DOCTYPE html>
<html>
<head>
  <meta charset="UTF-8">
  <title>jQuery-表单事件</title>
  <script type="text/JavaScript" src="./js/jquery-3.4.1.js"></script>
  <script type="text/JavaScript">
    $(document).ready(function(){
        $("input").focus(function(){
            $(this).css("background-color","#cccccc");
        });
    });
</script>
</head>
<body>
Name: <input type="text" name="fullname"><br>
E-mail: <input type="text" name="email">
</body>
</html>
```

运行结果如下图所示。

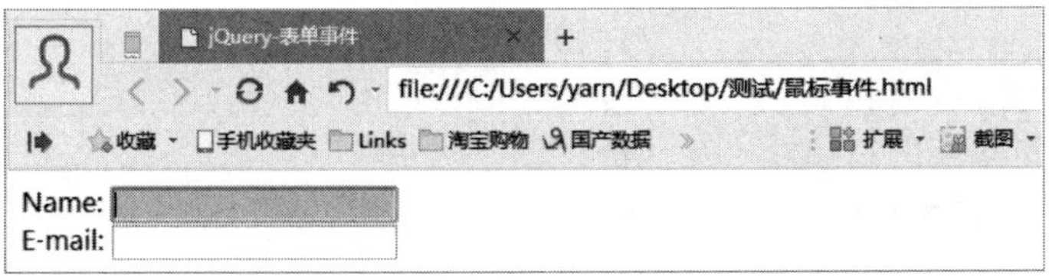

12.4.4.4　blur()

当元素失去焦点时触发 blur 事件。这个函数会调用执行绑定到 blur 事件的所有函数，包括浏览器的默认行为。可以通过返回 false 防止触发浏览器的默认行为。blur 事件会在元素失去焦点时触发，既可以是鼠标行为，也可以是按 Tab 键离开的。在下面的实例中，当文本框失去焦点，也就是光标离开文本框时，文本框的背景颜色会变成黄色。

```
示例代码：
<!DOCTYPE html>
<html>
<head>
  <meta charset="UTF-8">
  <title>jQuery-表单事件</title>
  <script type="text/JavaScript" src="./js/jquery-3.4.1.js"></script>
  <script type="text/JavaScript">
    $(document).ready(function(){
        $("input").blur(function(){
            $(this).css("background-color","#fff000");
        });
    });
</script>
</head>
<body>
Name: <input type="text" name="fullname"><br>
E-mail: <input type="text" name="email">
</body>
</html>
```

运行结果如下图所示。

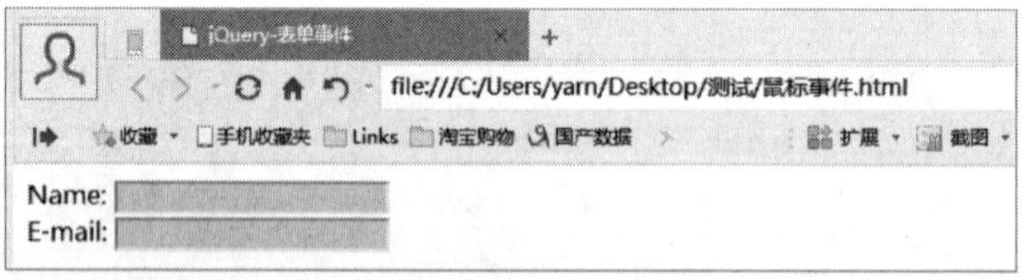

注：focus 和 blur 表单事件可以结合使用，文本框获得焦点（光标）时触发 focus()，文本框的背景色变成灰色；文本框失去焦点（光标）时触发 blur()，文本框的背景色变成黄色。

```
示例代码：
<!DOCTYPE html>
<html>
<head>
  <meta charset="UTF-8">
  <title>jQuery-表单事件</title>
  <script type="text/JavaScript" src="./js/jquery-3.4.1.js"></script>
  <script type="text/JavaScript">
    $(document).ready(function(){
```

```
        $("input").focus(function(){
            $(this).css("background-color","#cccccc");
        });
        $("input").blur(function(){
            $(this).css("background-color","#fff000");
        });
    });
</script>
</head>
<body>
Name: <input type="text" name="fullname"><br>
E-mail: <input type="text" name="email">
</body>
</html>
```

12.4.5 窗口事件

12.4.5.1 scroll()

当用户滚动指定的元素时，会触发 scroll 事件。scroll 事件适用于所有可滚动的元素和 window 对象（浏览器窗口）。scroll()方法触发 scroll 事件，或者规定当发生 scroll 事件时运行的函数。在下面的实例中，滚动<div>触发 scroll 事件，下面的滚动次数就增加。

```
示例代码:
<!DOCTYPE html>
<html>
<head>
  <meta charset="UTF-8">
  <title>jQuery-表单事件</title>
  <script type="text/JavaScript" src="./js/jquery-3.4.1.js"></script>
  <script type="text/JavaScript">
    x=0;
    $(document).ready(function(){
        $("div").scroll(function(){
            $("span").text(x+=1);
        });
    });
</script>
</head>
<body>
<p>尝试滚动 div 中的滚动条</p>
<div style="border:1px solid black;width:200px;height:100px;overflow:scroll;">
学的不仅是技术，更是梦想！学的不仅是技术，更是梦想！
学的不仅是技术，更是梦想！学的不仅是技术，更是梦想！</div>
<p>滚动了 <span>0</span> 次。</p>
</body>
</html>
```

运行结果如下图所示。

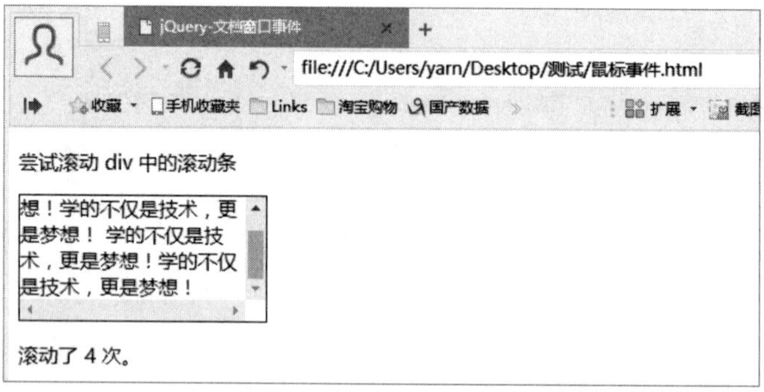

12.4.5.2　resize()

当调整浏览器窗口的大小时，会触发 resize 事件。在下面的实例中，当窗口缩小或者放大时就会触发 resize 事件，重置窗口的次数就会增加。

```
示例代码：
<!DOCTYPE html>
<html>
<head>
  <meta charset="UTF-8">
  <title>jQuery-文档窗口事件</title>
  <script type="text/JavaScript" src="./js/jquery-3.4.1.js"></script>
  <script type="text/JavaScript">
    x=0;
    $(document).ready(function(){
        $(window).resize(function(){
            $("span").text(x+=1);
        });
    });
</script>
</head>
<body>
<p>窗口重置了 <span>0</span> 次大小。</p>
<p>尝试重置窗口大小。</p>
</body>
</html>
```

运行结果如下图所示。

12.4.6　事件冒泡

12.4.6.1　什么是冒泡

在页面上可以有多个事件，也可以多个元素响应同一个事件。假设网页上有两个元素，其中一个元素嵌套在另一个元素中，并且都被绑定了 click 事件，同时<body>元素上也绑定了 click 事件。当单击内部的<span>元素，即触发<span>元素的 click 事件时，会输出 3 条记录，这就是由事件冒泡引起的。

```
示例代码：
<!DOCTYPE html>
<html>
<head>
  <meta charset="UTF-8">
  <title>jQuery-事件冒泡</title>
  <script type="text/JavaScript" src="./js/jquery-3.4.1.js"></script>
  <script type="text/JavaScript">
    $(document).ready(function(){
        $('span').click(function(){
            var txt=$('#msg').html()+"<p>内部 span 被点击</p>";
            $('#msg').html(txt);
        });
        $('#content').click(function(){
            var txt=$('#msg').html()+"<p>外部 div 被点击</p>";
            $('#msg').html(txt);
        });

        $("body").click(function(){
            var txt=$('#msg').html()+"<p>body 被点击</p>";
            $('#msg').html(txt);
        });
    });
</script>
</head>
<body>
<div id="content">
     外层 div 元素
    <span>内部 span 元素</span>
    外层 div 元素
</div>
<div id="msg"></div>
</body>
</html>
```

运行结果如下图所示。

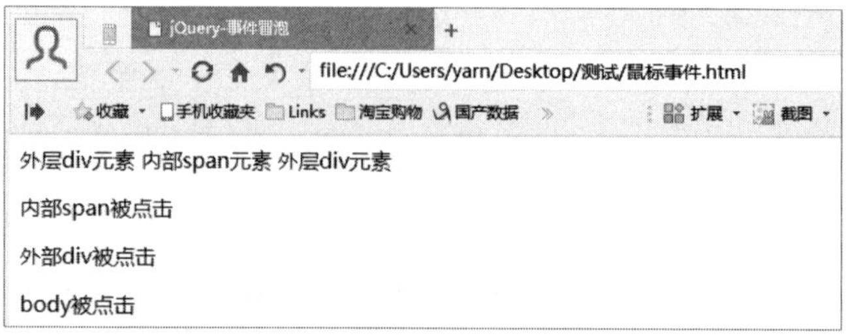

在点击<span>元素的同时，也点击了包含<span>元素的<div>元素和包含<div>元素的<body>，并且每一个元素都会按照特定的顺序响应 click 事件。元素的 click 事件会按照以下顺序“冒泡”：<span>、<div>、<body>。

之所以称为冒泡，是因为事件会按照 DOM 的层次结构像水泡一样不断向上直至顶端。

12.4.6.2 事件冒泡引发的问题

事件冒泡可能会引起预料之外的效果。上例中，本来只想触发<span>元素的 click 事件，但<div>元素和<body>元素的 click 事件也同时被触发。因此，有必要对事件的作用范围进行限制。当单击<span>元素时，只触发<span>元素的 click 事件，而不触发<div>元素和<body>元素的 click 事件；当单击<div>元素时，只触发<div>元素的 click 事件，而不触发<body>元素的 click 事件。为了解决这些问题，介绍下面的内容。

- 事件对象。

由于 IE-DOM 和标准 DOM 实现事件对象的方法各不相同，因此在不同浏览器中获取事件对象变得比较困难。针对这个问题，jQuery 进行了必要的扩展和封装，从而使在任何浏览器中都能很轻松地获取事件对象及事件对象的一些属性。在程序中使用事件对象非常简单，只需要为函数添加一个参数。当单击"element"元素时，事件对象就被创建了。这个事件对象只有事件对象处理函数能访问到。事件对象处理函数执行完毕，事件对象就被销毁。

```
示例代码:
$("element").click(function(event){   //event:事件对象
    //...

});
```

- 停止事件冒泡。

停止事件冒泡可以阻止事件中其他对象的事件处理函数被执行。在 jQuery 中提到 stopPropagation()可以停止事件冒泡。当单击<span>元素时，只会触发<span>元素上的 click 事件，而不会触发<div>元素和<body>元素的 click 事件。

```
示例代码:
<!DOCTYPE html>
<html>
<head>
  <meta charset="UTF-8">
  <title>jQuery-事件冒泡</title>
```

```
    <script type="text/JavaScript" src="./js/jquery-3.4.1.js"></script>
    <script type="text/JavaScript">
      $(document).ready(function(){
          $('span').click(function(event){
              var txt=$('#msg').html()+"<p>内部 span 被点击</p>";
              $('#msg').html(txt);
              //停止冒泡事件
              event.stopPropagation();
          });
          $('#content').click(function(event){
              var txt=$('#msg').html()+"<p>外部 div 被点击</p>";
              $('#msg').html(txt);
              //停止冒泡事件
              event.stopPropagation();
          });

          $("body").click(function(event){
              var txt=$('#msg').html()+"<p>body 被点击</p>";
              $('#msg').html(txt);
              //停止冒泡事件
              event.stopPropagation();
          });
      });
  </script>
  </head>
  <body>
  <div id="content">
       外层 div 元素
     <span>内部 span 元素</span>
     外层 div 元素
  </div>
  <div id="msg"></div>
  </body>
  </html>
```

运行结果如下图所示。

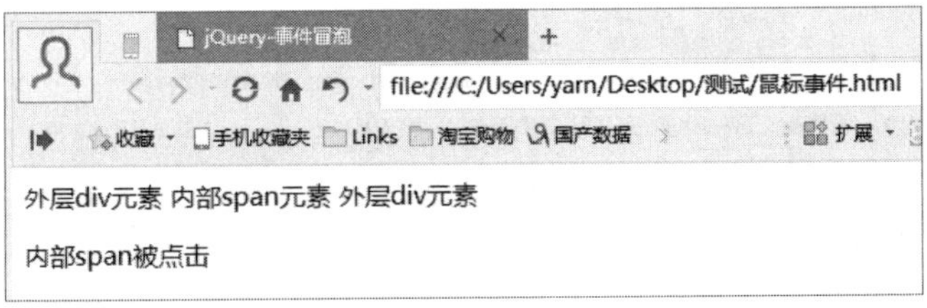

- 阻止默认行为。

网页中的元素有自己默认的行为，如点击超链接后会跳转、单击“提交”按钮后表单会提交，有时需要组织元素的默认行为。

在 jQuery 中，提供 preventDefault()阻止元素的默认行为。例如，在项目中，经常需要验证表单，在单击“提交”按钮时，验证表单内容，如某元素是否是必填字段、某元素是否够 6 位等，当表单不符合提交条件时，要阻止表单的提交。在下面的实例中，当用户名为空时，单击“提交”按钮，会出现“文本框值不能为空”的提示，并且表单不能提交。只有在用户名中输入内容后，才能提交表单。可见，preventDefault()能阻止表单的提交行为。

```
示例代码：
<!DOCTYPE html>
<html>
<head>
  <meta charset="UTF-8">
  <title>jQuery-事件冒泡</title>
  <script type="text/JavaScript" src="./js/jquery-3.4.1.js"></script>
  <script type="text/JavaScript">
    $(document).ready(function(){
        $('#sub').click(function(event){
            var username = $("#username").val();
            if(username==""){
                $('#msg').html("<p>文本框值不能为空</p>");
                event.preventDefault();
            }
        });
    });
</script>
</head>
<body>
<form action="test.html">
    用户名：<input type="text" id="username" />
    <input type="submit" value="提交" id="sub"/>
</form>
<div id="msg"></div>
</body>
</html>
```

运行结果如下图所示。

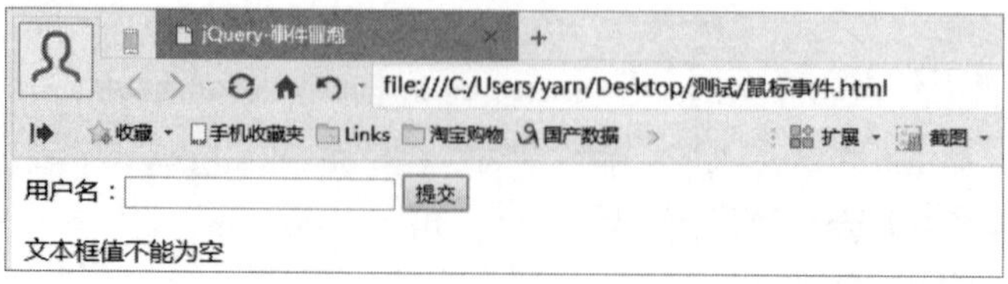

如果想同时对事件对象停止冒泡和默认行为，可以在事件处理函数中返回 false。这是对在事件对象上同时调用 stopPrapagation()和 preventDefault()的一种简写方式。

在表单的例子中，可以将：

```
event.preventDefault();        //阻止默认行为
```

改写成：

```
return false;
```

也可以将事件冒泡例子中的：

```
event.stopPropagation();       //停止事件冒泡
```

改写成：

```
return false;
```

12.4.7 事件解除

在绑定事件的过程中，不仅可以为同一个元素绑定多个事件，还可以为多个元素绑定同一个事件。假设网页上有一个<button>元素，绑定多个相同事件。当单击按钮后，会出现所有的绑定事件。

```
示例代码：
<!DOCTYPE html>
<html>
<head>
  <meta charset="UTF-8">
  <title>jQuery-事件解除</title>
  <script type="text/JavaScript" src="./js/jquery-3.4.1.js"></script>
  <script type="text/JavaScript">
    $(document).ready(function(){
        $('#btn').bind("click",function(){
            $('#test').append("<p>我的绑定函数 1</p>");
        }).bind("click",function(){
            $('#test').append("<p>我的绑定函数 2</p>");
        }).bind("click",function(){
            $('#test').append("<p>我的绑定函数 3</p>");
        });
    });
</script>
</head>
<body>
<button id="btn">单击我</button>
<div id="test"></div>
</body>
</html>
```

运行结果如下图所示。

下面是事件解绑函数 unbind()的语法结构：

```
unbind(type,[data])
```

type：事件类型。

data：将要解除的函数。

具体说明如下：

（1）如果没有参数，则删除所有绑定的事件。

（2）如果提供了事件类型作为参数，则只删除该类型的绑定事件。

（3）如果将在绑定时传递的处理函数作为第二个参数，则只有这个特定的事件处理函数会被删除。

12.4.7.1 解除按钮元素上以前注册的事件

首先，在网页上添加一个解除事件的按钮：

```
<button id="delAll">删除所有事件</button>
```

其次，为按钮绑定一个事件：

```
$('#delAll').click(function(){
    //处理函数
});
```

最后，为该事件编写处理函数用于删除元素的所有 click 事件：

```
$('#delAll').click(function(){
    $('btn').unbind("click");
});
```

在下面的实例中，单击“单击我”按钮会触发 3 个绑定事件，如果再单击还会再次触发这 3 个绑定事件，但是当单击“删除所有事件”按钮后，再单击“单击我”按钮就不会触发绑定事件，事件已经解绑。

```
示例代码：
<!DOCTYPE html>
<html>
<head>
```

```
    <meta charset="UTF-8">
    <title>jQuery-事件解除</title>
    <script type="text/JavaScript" src="./js/jquery-3.4.1.js"></script>
    <script type="text/JavaScript">
      $(document).ready(function(){
          $('#btn').bind("click",function(){
              $('#test').append("<p>我的绑定函数 1</p>");
          }).bind("click",function(){
              $('#test').append("<p>我的绑定函数 2</p>");
          }).bind("click",function(){
              $('#test').append("<p>我的绑定函数 3</p>");
          });
          //事件解绑
          $('#delAll').click(function(){
              $('#btn').unbind("click");
          });
      });
</script>
</head>
<body>
<button id="btn">单击我</button>
<button id="delAll">删除所有事件</button>
<div id="test"></div>
</body>
</html>
```

运行结果如下图所示。

12.4.7.2 解除<button>元素的其中一个事件

首先需要为这些匿名处理函数指定一个变量，然后即可单独删除某一个事件。在下面的实例中，将 3 个绑定事件中的函数分别命名为 myFun1、myFun2、myFun3，然后删除第二个绑定事件。

```
示例代码：
<!DOCTYPE html>
<html>
```

```
<head>
  <meta charset="UTF-8">
  <title>jQuery-事件解除</title>
  <script type="text/JavaScript" src="./js/jquery-3.4.1.js"></script>
  <script type="text/JavaScript">
    $(document).ready(function(){
        $('#btn').bind("click",myFun1 = function(){
            $('#test').append("<p>我的绑定函数 1</p>");
        }).bind("click",myFun2 = function(){
            $('#test').append("<p>我的绑定函数 2</p>");
        }).bind("click",myFun3 = function(){
            $('#test').append("<p>我的绑定函数 3</p>");
        });
        //第二个事件解除
        $('#delTwo').click(function(){
            $('#btn').unbind("click",myFun2);
        });
    });
</script>
</head>
<body>
<button id="btn">单击我</button>
<button id="delTwo">删除第二个事件</button>
<div id="test"></div>
</body>
</html>
```

运行结果如下图所示。

另外，对只需要触发一个，随后就要立即解除绑定的情况，jQuery 提供了一种简写方法——one()。one()可以为元素绑定处理函数。当处理函数触发一次后，立即被删除。也就是说，在每个对象上，事件处理函数只会被执行一次。one()的结构和 bind()类似，使用方法也和 bind()相同。在下面的实例中，当单击“单击我”按钮后，绑定的 3 个事件被触发，当处理函数触发一次之后，就会被删除，处理函数只能执行一次，所以再单击“单击我”按钮，不会再触发处理函数。

```
示例代码:
<!DOCTYPE html>
<html>
<head>
  <meta charset="UTF-8">
  <title>jQuery-事件解除 one()函数</title>
  <script type="text/JavaScript" src="./js/jquery-3.4.1.js"></script>
  <script type="text/JavaScript">
    $(document).ready(function(){
        $('#btn').one("click",function(){
            $('#test').append("<p>我的绑定函数 1</p>");
        }).one("click",function(){
            $('#test').append("<p>我的绑定函数 2</p>");
        }).one("click",function(){
            $('#test').append("<p>我的绑定函数 3</p>");
        });
    });
</script>
</head>
<body>
<button id="btn">单击我</button>
<div id="test"></div>
</body>
</html>
```

运行结果如下图所示。

12.5 本章小结

本章主要介绍 jQuery 的基础，描述了 jQuery 简介、优势、安装方法及其语法，重点介绍了 jQuery 的多种选择器（包括 id 选择器、类选择器、标记选择器、属性选择器、位置选择器、后代选择器、子代选择器）和 jQuery 中的 DOM 操作（包括 HTML 元素的查找、创建、插入、删除、复制、替换），最后介绍 jQuery 的重中之重，即 jQuery 事件。这些重点介绍的内容是需要重点掌握的知识点。

章节练习

1．在 jQuery 中被誉为工厂函数的是（　　）。

A．ready()　　B．function()　　C．$()　　D．next()

2．假如需要选择页面中唯一一个 DOM 元素，则（　　）是最快、最高效的选择器。

A．后代选择器　　B．类选择器　　C．id 选择器　　D．属性选择器

3．通过选择器方法，判断选择器名称（　　）。

$("parent > child")

$("ancestor descendant")

A．后代选择器、子代选择器　　B．后代选择器、一般兄弟选择器

C．子代选择器、相邻兄弟选择器　　D．子代选择器、后代选择器

4．在 jQuery 中，如果想要从 DOM 中删除所有匹配的元素，（　　）是正确的。

A．delete()　　B．empty()　　C．remove()　　D．removeAll()

5．在 jQuery 中，属于鼠标事件方法的选项是（　　）。

A．onclick()　　B．mouseover()　　C．onmouseout()　　D．blur()

6．下列选项中，不属于键盘事件的是（　　）。

A．keydown()　　B．keyup()　　C．keypress()　　D．ready()

第 13 章 jQuery 效果

学习任务

【任务 1】 掌握 jQuery 容器适应、jQuery 标签操作及 jQuery 动画；

【任务 2】 掌握 jQuery 中的常用案例，如弹窗、图片左右滚动、图片放大效果等案例，能够进行分析并实现效果。

学习路线

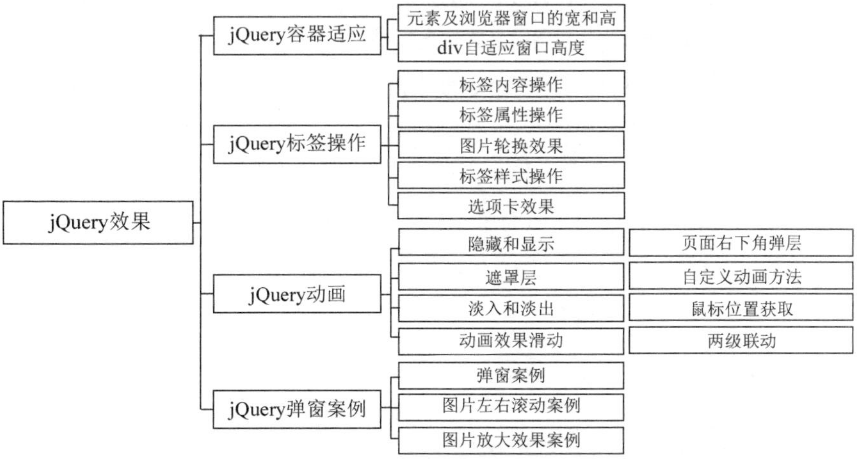

13.1 jQuery 容器适应

13.1.1 元素及浏览器窗口的宽和高

本节主要介绍获取元素以及浏览器窗口的宽和高。元素是指 HTML 元素，窗口指的是浏览器的窗口。

获取元素的宽和高有以下几种方法：

$(选择器).width() | innerWidth() | outerWidth()

$(选择器).height() | innerHeight() | outerHeight()

其中，宽和高分别有 3 种方法。

width()和 height()是指元素里面内容的宽和高。

innerWidth()和 innerHeight()是指元素里面内容的宽和高加上内边距的宽和高。

outerWidth()和 outerHeight()是指元素里面内容的宽和高加上内边距的宽和高及边框。

在下面的实例中，<div>的宽和高分别是 500px 和 300px，四周的内边距是 20px，边框是 5px，如下图所示。

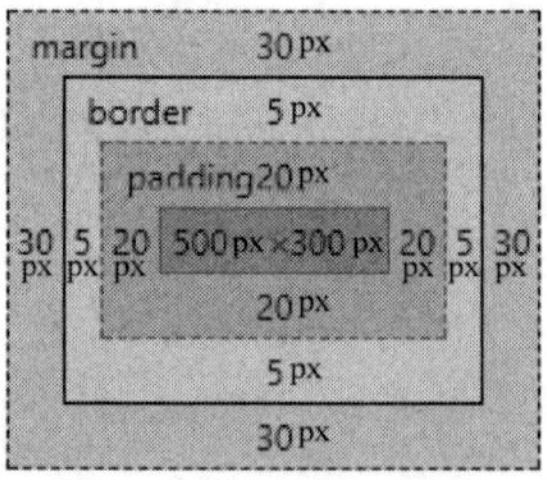

现在通过弹框的形式，分别展示 div 的 width()、heigth()、innerWidth()、innerHeight()、outerWidth()、outerHeight()。innerWidth()通过上图分析宽的左右内边距加起来是 40px，所以 innerWidth()的结果是 540px；outerWidth()是加上内边距和边框，通过上图分析在 innerWidth()的基础上加上左右分别是 5px 的边框，所以 outerWidth()的结果是 550px。

```
示例代码如下：
<!DOCTYPE html>
<html>
<head>
  <meta charset="UTF-8">
  <title>jQuery-元素宽高和窗口宽高</title>
  <style type="text/css">
    #div1{
        width:500px;
        height:300px;
        border:5px solid orange;
        padding:20px;
        margin:30px;
    }
    </style>
<script type="text/JavaScript" src="./js/jquery-3.4.1.js"></script>
<script type="text/JavaScript">
    $(function(){
```

```
        var w=$("#div1").width();
        var h=$("#div1").height();
        var innerw=$("#div1").innerWidth();
        var innerh=$("#div1").innerHeight();
        var outerw=$("#div1").outerWidth();
        var outerh=$("#div1").outerHeight();
        alert("width()="+w+":height()="+h);
        alert("innerWidth()="+innerw+":innerHeight()="+innerh);
        alert("outerWidth()="+outerw+":outerHeight()="+outerh);
    })
</script>
</head>
<body>
    <div id="div1"></div>
</body>
</html>
```

运行结果是 3 个弹框，如下图所示。

获取窗口宽和高的方法如下：

$(window).width()

$(window).height()

在下面的实例中，展示打开的浏览器窗口的大小，如果浏览器窗口放大或者缩小，窗口的大小也会变化。

```
示例代码:
<!DOCTYPE html>
<html>
<head>
  <meta charset="UTF-8">
  <title>jQuery-元素宽高和窗口宽高</title>
  <style type="text/css">
    #div1{
```

```
        width:500px;
        height:300px;
        border:5px solid orange;
        padding:20px;
        margin:30px;
    }
  </style>
<script type="text/JavaScript" src="./js/jquery-3.4.1.js"></script>
<script type="text/JavaScript">
    $(function(){
        var winw=$(window).width();
        var winh=$(window).height();
        alert("窗口宽: "+winw+"窗口高: "+winh);
    })
</script>
</head>
<body>
    <div id="div1"></div>
</body>
</html>
```

运行结果如下图所示。

13.1.2 div 自适应窗口高度

在浏览器页面中，有一个头 div1，在 div1 下方有一个 div2，现在需要 div2 将浏览器剩余部分都覆盖，但不同的浏览器下面剩余的大小不同，这就需要获取浏览器下面剩余空白的大小，然后动态改变 div2 的高度使其与窗口剩余高度一样，这就是所谓的页面 div 高度自适应。

在下面的实例中，类别名为 Header 的 div 下面有左右两个 div，现在需要用左边的 div 自适应覆盖浏览器页面剩余空白部分，页面加载完毕，首先需要获取窗口的高，然后设置左侧 div 高的样式，高为整个窗口的高减去类别名为 Header 的高，再减去边界的高。

```
示例代码：
<!DOCTYPE html>
<html>
<head>
  <meta charset="UTF-8">
  <title>jQuery-div 高度自适应</title>
  <style type="text/css">
```

```
    *{
       padding:0;
       margin:0;
    }
    .header{
       height:100px;
       line-height:100px;
       background:#abcdef;
    }
    .content{
       margin-top:10px;
       overflow:hidden;
    }
    .content .left{
       width:20%;
       height:100%;
       background:#abcdef;
       float:left;

    }
    .content .right{
       width:80%;
       height:100%;
       background:#fff000;
       float:right;
    }

  </style>
<script type="text/JavaScript" src="./js/jquery-3.4.1.js"></script>
<script type="text/JavaScript">
    function setHeight(){
       var winh=$(window).height();
       $(".left").css("height",winh-110+"px");
    }
    $(function(){
       setHeight();
    })
</script>
</head>
<body>
    <div class="header">Header</div>
    <div class="content">
       <div class="left">Left</div>
       <div class="right">Right</div>
    </div>
</body>
</html>
```

运行结果如下图所示。

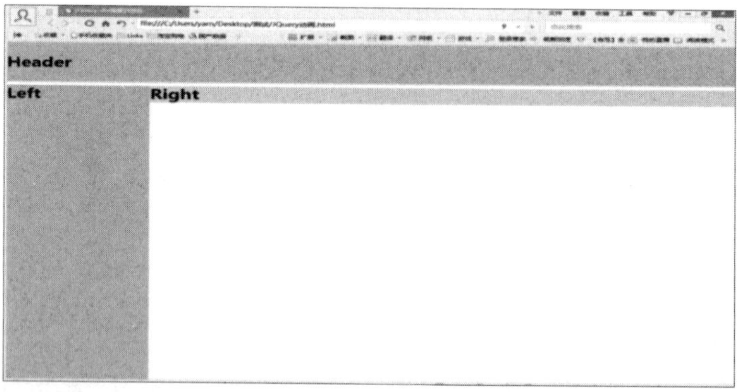

13.2 jQuery 标签操作

13.2.1 标签内容操作

标签内容操作，分为输入框中的值（如单行文本框的值、文本域的值和下拉框中的值等）和 HTML 内容。HTML 是不过滤 HTML 标签的，而 text 是过滤 HTML 标签的。

$(选择器).val([值])：设置或者返回表单字段的值。

$(选择器).html([值])：设置或者返回所选元素的内容（包括 HTML 标记）。

$(选择器).text ([值])：设置或者返回所选元素的文本内容。

在下面的实例中，分别对 3 种方法进行测试，3 个按钮分别测试 text()、html()和 val()。

示例代码：

```
<!DOCTYPE html>
<html>
<head>
  <meta charset="UTF-8">
  <title>jQuery-标签内容操作</title>
<script type="text/JavaScript" src="./js/jquery-3.4.1.js"></script>
<script type="text/JavaScript">
    $(document).ready(function(){
        //测试 text()
        $("#btn1").click(function(){
            alert("文本内容: " + $("#test0").text());
        });
        //测试 html()
        $("#btn2").click(function(){
            alert("元素内容: " + $("#test0").html());
        });
```

```
        //测试 val()
        $("#btn3").click(function(){
            alert("表单字段的值: " + $("#test1").val());
        });
    });
</script>
</head>
<body>
<p id="test0">床前 <b>明月</b> 光</p>
<input id="test1"  />
<br/><br/>
<button id="btn1">显示文本 text()</button>
<button id="btn2">显示元素 html()</button>
<button id="btn3">显示表单字段值 val()</button>
</body>
</html>
```

运行结果如下图所示。

当单击“显示文本 text()”按钮时，会显示文本内容弹框，测试 text()如下图所示。

当单击“显示元素 html()”按钮时，会将查找到的 HTML 中的元素都以弹框的形式显示，测试 html()如下图所示。

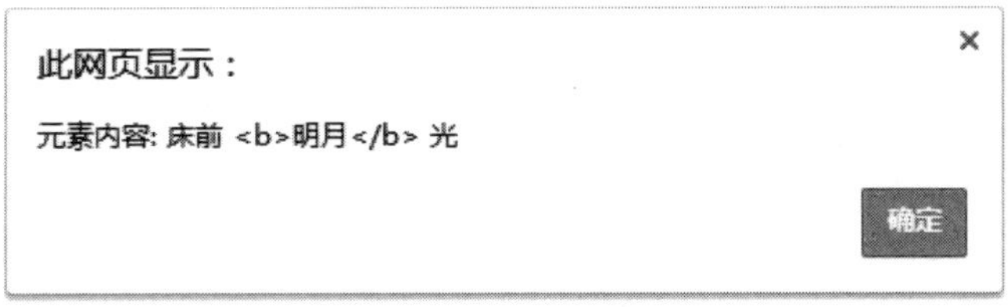

在文本框中填写内容，当单击“显示表单字段值 val ()”按钮时，会将文本框中的内容弹框显示，测试 val()如下图所示。

下面做一个在实际场景中标签内容操作的实际应用，案例是对注册表单的验证，包括对用户名、密码和确认密码的验证。用户名要求“输入 4 到 20 位由应为字母、数字和下画线组成的字符串，且数字不能开头”，首先通过 name 属性选择器的 val()获取用户名，然后通过正则表达式验证用户名是否符合规范（正则表达式以后会学习），之后将规范或者不规范提示语句通过 html()都显示在文本框后面的 div 中；密码验证和用户名类似，确认密码的验证需要通过 val()获取密码和确认密码的值，然后比较是否相同，如果相同则验证通过，如果不相同则不通过。

```
示例代码如下：
<!DOCTYPE html>
<html>
<head>
  <meta charset="UTF-8">
  <title>jQuery_注册表单验证</title>
  <script type="text/JavaScript" src="./js/jquery-3.4.1.js"></script>
<script type="text/JavaScript">
  function checkname(){
    //对用户名进行验证
    var username=$("[name='username']").val();
    var re =/^[a-zA-Z_][a-zA-Z_0-9]{3,19}$/.test(username);
    if(re){
        $('#m_username').html('用户名合法');
        return true;
    }else{
        $('#m_username').html('用户名格式错误');
        return false;
    }
  }
  //对密码进行验证
  function checkPassword(){
    var password=$("[name='password']").val();
    if(/^\S{6,20}$/.test(password)){
```

```
            $('#m_password').html('密码格式正确');
            return true;
        }else{
            $('#m_password').html('密码格式错误');
            return false;
        }
    }
    //对确认密码进行验证
    function checkRePassword(){
      var password=$("[name='password']").val();
      var Repassword=$("[name='Repassword']").val();
      if(password==Repassword){
          $('#m_repassword').html('确认密码正确');
          return true;
      }else{
          $('#m_repassword').html('确认密码错误');
          return false;
      }
    }
  </script>
  </head>

  <body>
  <form action="" method="post">
      <table class="t1" width="100%">
          <tr>
              <td>
                  <h1>会员注册</h1>
              </td>
          </tr>
          <tr>
              <td>用户名：</td>
              <td> <input onblur="checkname()" type="text" name="username"/></td>
              <td> <div class="message" id="m_username">请输入 4 到 20 位由应为字
母、数字和下画线组成的字符串，且数字不能开头</div></td>
          </tr>
          <tr>
              <td>密码：</td>
              <td> <input onblur="checkPassword()"type="text" name="password"/>
</td>
              <td> <div class="message" id="m_password">密码为 6 到 20 位的非空白
字符</div></td>
          </tr>
          <tr>
              <td>确认密码：</td>
              <td>  <input  onblur="checkRePassword()"type="text"  name=
"Repassword"/> </td>
```

```
            <td> <div class="message" id="m_repassword">确认密码和密码保持一致
</div></td>
          </tr>
       </table>
     <input type="submit" value="提交"/>
   </form>
   </body>
   </html>
```

运行结果如下图所示。

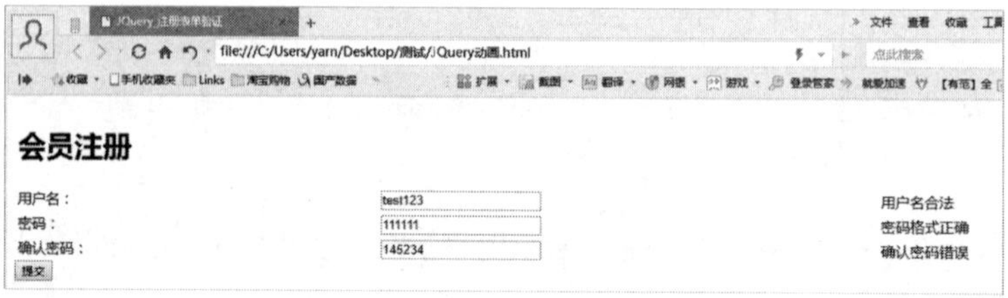

13.2.2 标签属性操作

标签属性的操作只有一个方法，具体如下：

$(选择器).attr(属性名[,值])

attr()中有两个参数：如果操作的是 title 属性，那么属性名就写 title。如果是设置属性的值，则将值写在第二个参数的位置；如果是获取属性的值，就不需要加第二个参数。

在下面的实例中，<p>标签含有 title 属性，当单击按钮时弹框会显示 title 属性值。

```
示例代码：
<!DOCTYPE html>
<html>
<head>
  <meta charset="UTF-8">
  <title>jQuery-查找 HTML 元素</title>
<script type="text/JavaScript" src="./js/jquery-3.4.1.js"></script>
<script type="text/JavaScript">
    $(document).ready(function(){
        $("button").click(function(){
            alert($("p").attr("title"));
        });
    });
</script>
</head>
<body>
<p title="标签<p>的属性">锄禾日当午</p>
<button>显示 title 属性的值</button>
</body>
</html>
```

运行结果如下图所示。

13.2.3 图片轮换效果

下面介绍一个标签属性操作应用的例子——实现图片轮换效果。图片轮换是每隔一段时间，图片就会自动换一张，主要是通过获取图片的属性值实现简单的轮换。

在下面的实例中，分别将 1.jpg、2.jpg、3.jpg 放到 images 的文件夹中，静态时显示第一张照片，当轮换时通过改变<img>标签中 src 的属性值实现图片的轮换；在图片的右下角会有 3 个<div>，图片轮换时，这 3 个标签的背景也会轮换，从 1 到 3 循环，通过位置选择器，依次改变 div 的背景颜色，达到轮换的效果；同时还添加事件的绑定，当鼠标移动到 div 上时，轮换效果停止，鼠标移开，继续轮换，这里用到了 mouseenter()和 mouseleave()方法。

注：首先，设置全局变量 k，因为 3 张图片轮换，图片右下角 3 个 div 轮换，所以 k++ 后如果 k>2，则自动将 k 设置为 0；其次，setTimeout(fn,time)是定时器函数，确定每隔多长时间执行 fn 函数，clearTimeout()是取消定时器函数。

```
示例代码：
<!DOCTYPE html>
<html>
<head>
  <meta charset="UTF-8">
  <title>jQuery_图片轮转效果</title>
  <style type="text/css">
  #img1{
    width:380px;
    border:5px solid orange;
    position:relative;
  }
  #img1 img{
    display:bolck;
  }
```

```
  #img1 div{
    border:1px solid orange;
    background:#f3f3f3;
    padding:1px 5px;
    position:absolute;
    bottom:8px;
    font-weight:bold;
  }
</style>
  <script type="text/JavaScript" src="./js/jquery-3.4.1.js"></script>
<script type="text/JavaScript">
  var arr=['./images/1.jpg','./images/2.jpg','./images/3.jpg'];
  var k=0;
  var t;
  //每过 1 秒，将 arr 中的值赋给 img 的 src 属性
  function changeSrc(){
    k++;
    if(k>2){
        k=0;
    }
    var path=arr[k];
    $("#img1 img").attr('src',path);
    //使用位置选择器改变子 div 的效果
    $("#img1 div").css('background','');
    $("#img1 div:eq("+k+")").css('background','orange')
    t=setTimeout(changeSrc,1000);
  }
  $(function(){
    t=setTimeout(changeSrc,1000);
    $("#img1").mouseenter(function(){
        clearTimeout(t);
    })
    $("#img1").mouseleave(function(){
        t=setTimeout(changeSrc,1000);
    })
  })
</script>
</head>
<body>
<div id="img1">
    <img src="./images/1.jpg" width="380px"/>
    <div style="right:60px;background:orange;">1</div>
    <div style="right:35px;">2</div>
    <div style="right:10px;">3</div>
</div>
</body>
</html>
```

运行结果如下图所示。

13.2.4　标签样式操作

标签样式操作的方法如下表所示。

方　法	描　述
$(选择器).css (样式属性名[,值])	设置或者返回被选元素的一个或者多个样式属性
$(选择器).addClass(类别名)	增加类别样式
$(选择器).removeClass(类别名)	去除类别样式
$(选择器).toggleClass(类别名)	交替使用类别样式：有这个类别样式就去除，没有就追加

- css()：设置或者返回被选元素一个或者多个样式。

在前面已经大量使用 css()，设置 title、color、background 和 border 等，主要是操作 style 中的样式，下面详细介绍 css()，可以通过 css()设置 CSS 样式以及读取 CSS 值。在下面的实例中，有两个<p>标签，获取第一个<p>标签的颜色，通过弹框显示（弹框显示 rgb(0,0,255) 为蓝色）；设置所有<p>标签的背景为红色。

```
示例代码：
<!DOCTYPE html>
<html>
<head>
  <meta charset="UTF-8">
  <title>标签样式操作-css()</title>
  <script type="text/JavaScript" src="./js/jquery-3.4.1.js"></script>
  <script type="text/JavaScript">
  $(function () {
    //得到第一个 p 标签的颜色
    alert($('p:first').css('color'));
    //设置所有 p 标签的背景颜色为 red
    $('p').css('background', 'red');
  })
</script>
</head>
<body>
    <p style="color: blue;">窈窕淑女</p>
    <p style="color: green;">君子好逑</p>
</body>
</html>
```

运行结果如下图所示。

- addClass()：增加类别样式。

在下面的实例中，<p>标签的类别名是 test，设置的样式是字体为粗体，字体颜色为红色，当单击“追加样式”按钮后，会将类别名为 add 的样式增加到<p>标签上，<p>标签的背景为黄色，字体颜色变成蓝色。

```
示例代码：
<!DOCTYPE html>
<html>
<head>
  <meta charset="UTF-8">
  <title>标签样式操作-addClass()</title>
  <style type="text/css">
    .test{
        font-weight:bold;
        color:red;
    }
    .add{
        background:yellow;
        color:blue;
    }
  </style>
  <script type="text/JavaScript" src="./js/jquery-3.4.1.js"></script>
<script type="text/JavaScript">
    $(function(){
        $("#btn1").bind("click",function(){
            $("p").addClass("add");
        });
    })
</script>
</head>
<body>
    <button id="btn1">追加样式</button>
```

```
    <p  class="test">你喜欢的运动是：</p>
    <ul>
        <li>足球</li>
        <li>羽毛球</li>
    </ul>
</body>
</html>
```

运行结果如下图所示。

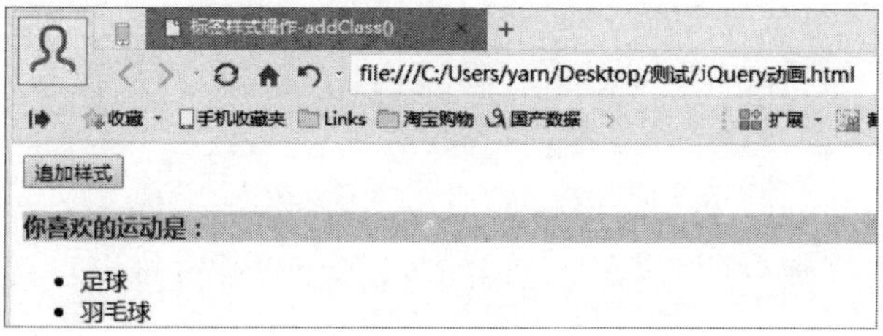

找到键盘 F2 键，按 F2 键后显示控制台，点击控制台中的“Elements”可以看到如下图所示的界面。

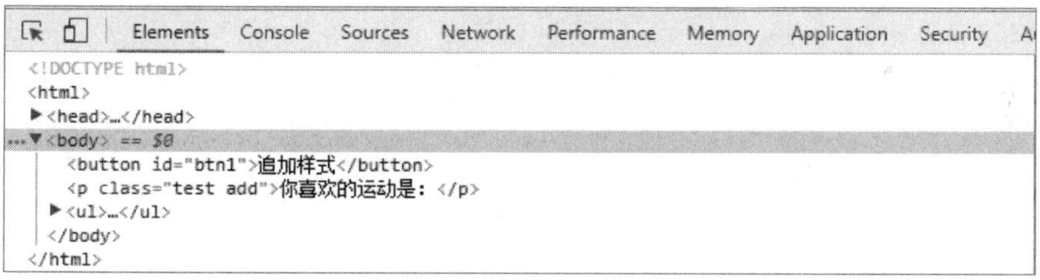

<p>标签中的类别名是 test 和 add，拥有两个值，这里对追加样式的规定是如果为一个元素添加一个或者多个 class 值，name 就相当于合并它们的样式；如果存在不同的 class 设置同一个样式属性，则后者覆盖前者，如上例中字体颜色的覆盖，追加的样式中字体颜色为蓝色覆盖之前样式的红色字体。根据以上分析可知，<p>标签的最终样式呈现如下形式：

font-weight:bold;

background:yellow;

color:blue;

- removeClass()：去除类别样式。

在增加类别样式的例子中，为<p>元素添加了 add 样式，如果单击按钮要删除 class 的某个样式，name 就可以使用 removeClass()完成，它的作用是从匹配的元素中删除全部或者指定的 class。在下面的实例中，单击“追加样式”按钮，再单击“删除样式”按钮则删除 add 样式，<p>标签的字体又变成红色，背景还是白色，也就是剩下 test 样式。

```
示例代码：
<!DOCTYPE html>
<html>
```

```
<head>
  <meta charset="UTF-8">
  <title>标签样式操作-removeClass()</title>
  <style type="text/css">
    .test{
        font-weight:bold;
        color:red;
    }
    .add{
        background:yellow;
        color:blue;
    }
  </style>
  <script type="text/JavaScript" src="./js/jquery-3.4.1.js"></script>
<script type="text/JavaScript">
    $(function(){
        $("#btn1").bind("click",function(){
            $("p").addClass("add");
        });
        $("#btn2").bind("click",function(){
            $("p").removeClass("add");
        });
     })
</script>
</head>
<body>
    <button id="btn1">追加样式</button>
    <button id="btn2">删除样式</button>
    <p  class="test">你喜欢的运动是：</p>
    <ul>
        <li>足球</li>
        <li>羽毛球</li>
    </ul>
</body>
</html>
```

运行结果如下图所示。

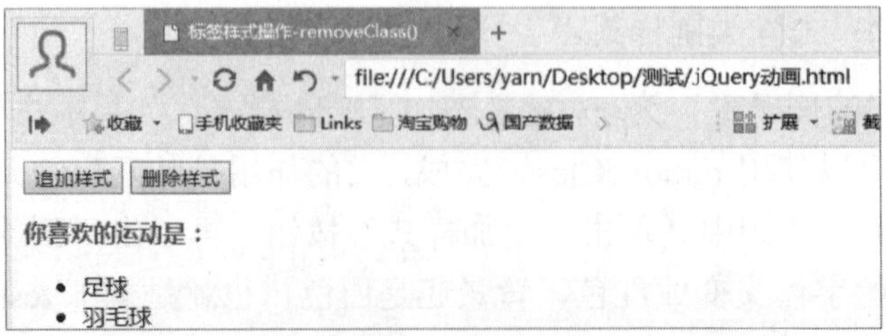

如果要将<p>标签的两个 class 都删除，则使用两次 removeClass()，代码如下：

```
$("p").removeClass("add").removeClass("test");
```

jQuery 提供了更简单的方法，可以以空格的方式删除多个 class 名，代码如下：

```
$("p").removeClass("test add");
```

另外，可以使用 removeClass()删除元素的所有 class 样式，代码如下：

```
$("p").removeClass();
```

- toggleClass()：交替使用类别样式。

toggleClass()控制样式上的重复切换，如果类别名存在则删除它，如果类别名不存在就添加它。在下面的实例中，<p>标签没有添加任何样式，当单击“样式切换”按钮时，就会增加 add 样式，背景变成黄色，字体设置为蓝色，当再单击按钮时，因为已经存在 add 样式，所以就会将其删除。

```
示例代码：
<!DOCTYPE html>
<html>
<head>
  <meta charset="UTF-8">
  <title>标签样式操作-toggleClass()</title>
  <style type="text/css">
    .add{
        background:yellow;
        color:blue;
    }
  </style>
  <script type="text/JavaScript" src="./js/jquery-3.4.1.js"></script>
<script type="text/JavaScript">
    $(function(){
        $("#btn3").bind("click",function(){
            $("p").toggleClass("add");
        });
    })
</script>
</head>
<body>
    <button id="btn3">样式切换</button>
    <p  class="test">你喜欢的运动是：</p>
    <ul>
        <li>足球</li>
        <li>羽毛球</li>
    </ul>
</body>
</html>
```

运行结果如下图所示。

13.2.5 选项卡效果

本节主要介绍一个标签样式操作应用的例子——实现选项卡效果，选项卡样式如下图所示。选项卡的效果是当鼠标放在第一个小方格时，小方格的背景变色，下面的大方块显示的内容和小方格标题对应；当鼠标放在第二个小方格时，第二个小方格的背景变色，其他两个小方格的颜色变为原来的白色，下面大方块的内容变成和第二个小方块标题相对应的内容。

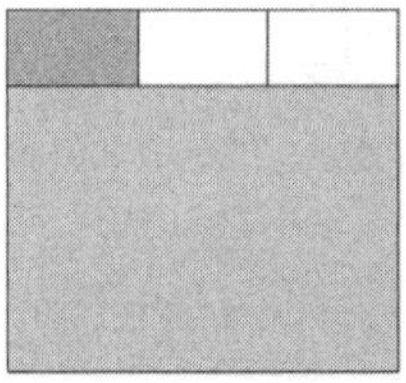

在下面的实例中，有“国内”“国际”“体育”3 个选项卡，在选项卡下面有 3 个 div，分别对应上面 3 个选项卡的内容，初始化页面是将后面两个 div 隐藏不显示，将“国内”选项卡加上 cur 样式。实现选项卡的效果如下：通过 each 遍历找到选项卡的<ul>标签下的 li，绑定 mouseenter 函数，当鼠标移到 li 上时，将下方与选型卡对应的 div 显示，并且先将 3 个选项卡的 cur 样式去除，通过位置选择器将当前的 li 加上 cur 样式。

```
HTML 代码:
<div class="content">
        <ul id="ul1">
            <li class="cur">国内</li>
            <li>国际</li>
            <li>体育</li>
        </ul>
        <div id="div0">
            <ul>
                <li><a href="">[国内]标题一</a></li>
                <li><a href="">[国内]标题一</a></li>
            </ul>
        </div>
        <div id="div1" style="display:none;">
            <ul>
                <li><a href="">[国际]标题一</a></li>
                <li><a href="">[国际]标题一</a></li>
            </ul>
```

```
        </div>
        <div id="div2" style="display:none;">
            <ul>
                <li><a href="">[体育]标题一</a></li>
                <li><a href="">[体育]标题一</a></li>
            </ul>
        </div>
    </div>
CSS 样式代码:
<style type="text/css">
    ul,li{padding:0;margin:0;}
    .content{
        width:380px;
    }
    .content #div0,#div1,#div2{
        border:2px solid pink;
    }

    #div0 ul,#div1 ul,#div2 ul{
        padding-left:30px;
        padding-top:10px;
        padding-bottom:10px;
    }
    .content #ul1{
        list-style:none;
        overflow:hidden;
        height:38px;
        line-height:38px;
    }
    #ul1 li{
        width:80px;
        height:38px;
        line-height:38px;
        text-align:center;
        font-weight:bold;
        float:left;
    }
    .cur{
        background:red;
        color:white;
    }
</style>
jQuery 代码:
<script type="text/JavaScript" src="./js/jquery-3.4.1.js"></script>
<script type="text/JavaScript">
    $(function(){
        $("#ul1 li").each(function(index){
            //index 是每个 li 的索引下标
            $(this).mouseenter(function(){
```

```
                $("#div0,#div1,#div2").css('display','none');
                //index 也是 div 的索引下标
                $("#div"+index).css('display','block');
                //将每个 li 的 cur 样式去掉
                $("#ul1 li").removeClass('cur');
                $("#ul1 li:eq("+index+")").addClass('cur');
            });
        });
    })
</script>
```

运行结果如下图所示。

13.3 jQuery 动画

13.3.1 隐藏和显示

隐藏和显示是指 HTML 元素的隐藏和显示。其中，hide()是隐藏，show()是显示，toggle()是隐藏和显示之间的切换。如果现在是隐藏，单击 toggle()就会显示；如果现在是显示，单击 toggle()就会隐藏。具体的语法格式如下：

$(selector).hide(speed,callback);

$(selector).show(speed,callback);

$(selector).toggle()(speed,callback);

其中的参数解释如下。

speed：规定隐藏/显示的速度，单位是毫秒，2000 代表 2 秒，是可选的。

callback：参数是隐藏或者显示完成后所执行的函数名称，是可选的。

在下面的实例中，当单击第一个按钮时立刻显示<div>标签；当单击第二个按钮时会 1 秒内将<div>显示完整；当单击第三个按钮时 2 秒内将 div 隐藏；当单击第四个按钮时如果当前<div>为隐藏状态它就会显示，如果当前<div>为显示状态它就会隐藏。

```
示例代码如下：
<!DOCTYPE html>
<html>
```

```
<head>
  <meta charset="UTF-8">
  <title>hide()、show()、toggle()</title>
  <style type="text/css">
  * {
    margin: 0px;
  }
  .div1 {
    position: absolute;
    width: 200px;
    height: 200px;
    top: 50px;
    left: 10px;
    background: red;
    display: none;
  }
</style>
<script type="text/JavaScript" src="./js/jquery-3.4.1.js"></script>
<script type="text/JavaScript">
  $(function () {
    //1. 单击 btn1, 立即显示
    $('#btn1').click(function () {
      $('div').show()
    })
    //2. 单击 btn2, 慢慢显示
    $('#btn2').click(function () {
      $('div').show(1000)
    })
    //3. 单击 btn3, 慢慢隐藏
    $('#btn3').click(function () {
      $('div').hide(2000)
    })
    //4. 单击 btn4, 切换显示/隐藏
    $('#btn4').click(function () {
      $('div').toggle()
    })
  })
</script>
<body>
<button id="btn1">瞬间显示</button>
<button id="btn2">慢慢显示</button>
<button id="btn3">慢慢隐藏</button>
<button id="btn4">显示隐藏切换</button>
<div class="div1">
</div>
</body>
</html>
```

运行结果如下图所示。

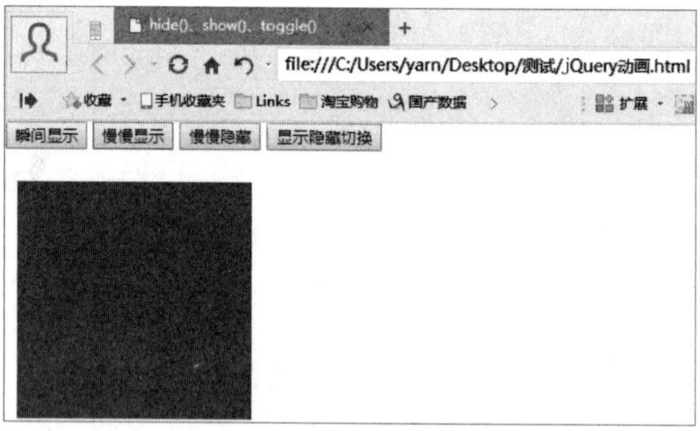

13.3.2 遮罩层

当点击一个链接或者单击一个按钮，在这个页面上出现一个 div，这个 div 盖在整个页面的上面，这就是遮罩层。遮罩层效果需要用到隐藏和显示的方法。

在下面的实例中，当点击登录超链接时，会将 id 为 mask 和 myModal 的 div 显示出来，id 为 myModal 的 div 初始化时不显示样式属性 display:none，将 id 为 mask 的 div 的遮罩层大小设置为与窗口等宽和等高，通过$(document).height()与$(document).width()可以获得窗口的宽和高。当单击弹框中的“X”时，又将 id 为 mask 和 myModal 的 div 隐藏起来。

```
示例代码：
<!DOCTYPE html>
<html>
<head>
  <meta charset="UTF-8">
  <title>遮罩层</title>
  <style type="text/css">
    .big-link { display:block; margin-top: 100px;  font-size: 70px; color:
#06f; }
    .mask {
       position: absolute; top: 0px; background-color: #777;
       left: 0px;opacity:0.5;
    }
    .reveal-modal {
       display: none;
       top: 100px;
       left: 50%;
       margin-left: -300px;
       width: 520px;
       background: #eee;
       position: absolute;
       z-index: 101;
       padding: 30px 40px 34px;
       -moz-border-radius: 5px;
```

```
        -webkit-border-radius: 5px;
        border-radius: 5px;
        -moz-box-shadow: 0 0 10px rgba(0,0,0,.4);
        -webkit-box-shadow: 0 0 10px rgba(0,0,0,.4);
        -box-shadow: 0 0 10px rgba(0,0,0,.4);
        }
        #myModal h1{
            background:red;
        }
     a{text-decoration:none;}
  </style>
<script type="text/JavaScript" src="./js/jquery-3.4.1.js"></script>
<script type="text/JavaScript">
            function s(){
                $("#mask").css("height",$(document).height());
                $("#mask").css("width",$(document).width());
                $("#mask").show()
                $("#myModal").show();
            }
            function h(){
                $("#mask").css("height",$(document).height());
                $("#mask").css("width",$(document).width());
                $("#mask").hide()
                $("#myModal").hide();
            }


</script>
<body>
    <a href="#" class="big-link"  onclick="s()"><h3>登录</h3></a>
        <div id="mask" class="mask"></div>
        <div id="myModal" class="reveal-modal">
            <h1><span>登录<span><a href="JavaScript:h()">X</a></h1>
            <p>你好，欢迎输入个人信息</p>
        </div>
</body>
</html>
```

运行结果如下图所示。

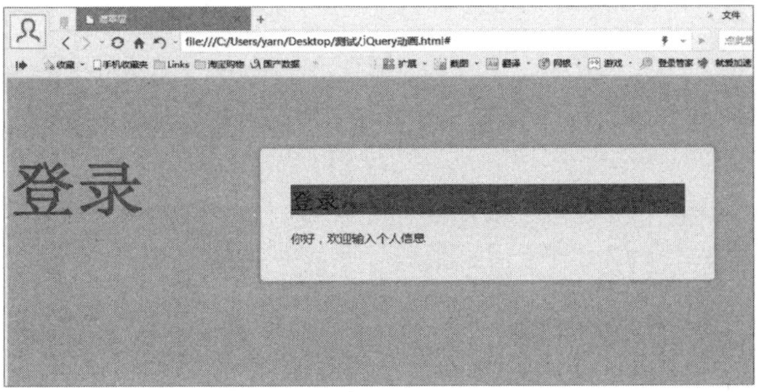

13.3.3 淡入和淡出

淡入和淡出是指 HTML 元素的淡入和淡出，主要是改变元素的透明度。其中，fadeIn()用于淡入已隐藏的元素，fadeOut()用于淡出可见元素，fadeToggle()可以在 fadeIn()与 fadeOut()之间进行切换，fadeTo()允许渐变为给定的不透明度（值为 0～1），具体的语法如下：

$(selector).fadeIn(speed,callback);

$(selector).fadeOut(speed,callback);

$(selector).fadeToggle(speed,callback);

$(selector).fadeTo(speed,opacity,callback);

其中的参数解释如下。

speed：规定隐藏/显示的速度，单位是毫秒，2000 代表 2 秒，是可选的。

callback：是隐藏或者显示完成后所执行的函数名称，是可选的。

opacity：将淡入和淡出效果设置为给定的不透明度（值为 0～1）；

在下面的实例中，单击“淡入”时<div>按钮变得不透明，能够显示出来；当单击“淡出”按钮时<div>变得透明，显示不出来；单击“淡出/淡入切换”按钮，就是在淡出和淡入之间进行切换，动画结束后会显示弹框，弹框的事件存在于淡入和淡出切换事件的回调函数中。

```
示例代码：
<!DOCTYPE html>
<html>
<head>
  <meta charset="UTF-8">
  <title>fadeOut()、fadeIn()、fadeToggle()</title>
  <style type="text/css">
  * {
    margin: 0px;
  }
  .div1 {
    position: absolute;
    width: 200px;
    height: 200px;
    top: 50px;
    left: 10px;
    background: green;
  }
</style>
<script type="text/JavaScript" src="./js/jquery-3.4.1.js"></script>
<script type="text/JavaScript">
   $(function () {
    //1.单击 btn1，实现慢慢淡出
    $('#btn1').click(function () {
```

```
        $('.div1').fadeOut()
      })
      //2.单击 btn3，实现慢慢淡入
      $('#btn2').click(function () {
        $('.div1').fadeIn()
      })
      //3.单击 btn3，实现淡出/淡入切换
      $('#btn3').click(function () {
        $('.div1').fadeToggle(function () {
          alert('动画结束了')
        })
      })
    })
  </script>
  <body>
  <button id="btn1">淡出</button>
  <button id="btn2">淡入</button>
  <button id="btn3">淡出/淡入切换</button>
  <div class="div1">
  </body>
  </html>
```

运行结果如下图所示。

13.3.4 动画效果滑动

动画效果滑动主要有向下滑 slideDown()、向上滑 slideUp()、上滑和下滑的切换 slideToggle()，slideDown()、slideUp()、slideToggle()的回调函数很少用，一般就指定一个上滑和下滑的速度。这个动画效果可以很好地应用在下拉菜单上面，在下面的实例中，当鼠标移动到产品标签上时，就会出现“产品一”和“产品二”菜单，当鼠标离开时，下拉菜单又会收回去。

```
示例代码：
<!DOCTYPE html>
<html>
<head>
  <meta charset="UTF-8">
  <title>slideDown()、slideUp()、slideToggle()</title>
```

```
    <style type="text/css">
    ul,li{padding:0;margin:0;list-style:none}
    .nav{height:35px;background:#f3f3f3;}
    .nav>li{text-align:center;float:left;width:100px;height:35px;line-height:
35px;
    background:#abcdfe;border-right:1px solid white;}
    a{text-decoration:none;}
    .nav ul{background:#fedabc;display:none}
    </style>
  <script type="text/JavaScript" src="./js/jquery-3.4.1.js"></script>
  <script type="text/JavaScript">
     $(function () {
      $('#son1').mouseenter(function () {
         $('#son1 ul').slideDown();
      })
      $('#son1').mouseleave(function () {
         $('#son1 ul').slideUp();
      })

    })
  </script>
  <body>
     <ul class="nav">
        <li><a href="">首页</li>
        <li id="son1"><a href="">产品</a>
           <ul>
              <li><a href="">产品一</a></li>
              <li><a href="">产品二</a></li>
           </ul>
        </li>
        <li><a href="">资讯</li>
     </ul>
  </body>
  </html>
```

运行结果如下图所示。

13.3.5 页面右下角弹层

当页面加载结束之后，会在页面的右下角弹出一个 div，这就是页面右下角弹层。例如，打开网页右下角会弹框提示中奖，有时候会弹框显示其他消息等，这个弹框在几秒之后又自动收回，这用的就是动画效果滑动的 slideDown()、slideUp()。

在下面的实例中，页面加载结束，1 秒内网页右下角会弹出 div1，使用的是 slideDown()，div1 在页面保持 3 秒使用的是定时器 setTimeout()，3 秒之后网页右下角的 div 消失，利用 slideUp()实现。

```
示例代码：
<!DOCTYPE html>
<html>
<head>
  <meta charset="UTF-8">
  <title>页面右下角弹层</title>
  <style type="text/css">
  #div1{
    position:absolute;
    right:3px;
    bottom:0px;
    width:200px;
    height:150px;
    border:1px solid #ccc;
    background:#f0f0f0;
    display:none;
  }
  </style>
<script type="text/JavaScript" src="./js/jquery-3.4.1.js"></script>
<script type="text/JavaScript">
    $(function () {
        $('#div1').slideDown(1000,function(){
            setTimeout(function(){
                $("#div1").slideUp(1000);
            },3000)
        });
    })
</script>
<body>
    <div id="div1">div1</div>
</body>
</html>
```

运行结果如下图所示。

13.3.6 自定义动画方法

jQuery 自带的动画效果的方法难以满足我们的需要，这就需要自定义动画效果。animate()用于创建自定义动画，这个函数的关键在于通过改变元素样式实现动画效果。这个对象中每个属性都表示一个可以变化的样式属性（如"height""top""opacity"）。需要注意的是，所有指定的属性必须用骆驼形式，如用 marginLeft 代替 margin-left。自定义动画方法的语法结构如下：

$(选择器).animate(params,speed,callback);

其中的参数解释如下。

params：是一个包含样式属性及值的映射，其实是 JSON 串，如{a:'1',b:'2',...}。

speed：速度参数，2000 就是 2 秒，可选。

Callback：回调函数，在动画完成时执行的函数，可选。

13.3.6.1 自定义简单动画

在下面的实例中，初始化有一个类别名为 test 的<div>标签，设置了<div>的样式，当<div>元素被单击后，能在页面上移动而且 div 放大，为了使这个标签能够移动，需要改变标签的"left"样式属性，为了放大还要改变"width"和"height"样式属性。首先给 class 为 test 的 div 绑定一个单击事件，然后对元素加入 animate()，使元素在 2 秒内向右移动 200px。

```
示例代码：
<!DOCTYPE html>
<html>
<head>
  <meta charset="UTF-8">
  <title>自定义动画方法 animate()</title>
   <style type="text/css">
        .test{
            background:#98bf21;
            height:100px;
            width:100px;
            position:absolute;
        }
  </style>
 <script type="text/JavaScript" src="./js/jquery-3.4.1.js"></script>
<script type="text/JavaScript">
$(function(){
  $(".test").click(function(){
    $(".test").animate({left:'200px',width:'200px',height:'200px'},2000);
  });
});
</script>
</head>
```

```
<body>
<div class="test"></div>
</body>
</html>
```

运行结果如下图所示。

13.3.6.2 累加、累减动画

在上面的代码中，参数为{left:'200px',width:'200px',height:'200px'}，当单击<div>标签时不会变化，如果在 200px 之前加上“+=”时，就是位置的累加，再单击<div>标签时，<div>又会向右边移动 200px。

```
示例代码:
$(function(){
  $(".test").click(function(){
    $(".test").animate({left:'+=200px',width:'200px',height:'200px'},2000);
  });
});
```

13.3.6.3 动画回调函数

在下面的实例中，当鼠标单击<div>标签时，在 2 秒内<div>向右移动的同时并且放大，2 秒后向左移动的同时又进行缩小，这就用到了回调函数，在回调函数中完成回到原来的位置。

```
示例代码:
<!DOCTYPE html>
<html>
<head>
  <meta charset="UTF-8">
  <title>自定义动画方法 animate()</title>
   <style type="text/css">
        .test{
           background:#98bf21;
           height:100px;
           width:100px;
           position:absolute;
        }
  </style>
```

```
    <script type="text/JavaScript" src="./js/jquery-3.4.1.js"></script>
    <script type="text/JavaScript">
    $(function(){
      $(".test").click(function(){
    $(".test").animate({left:'200px',width:'200px',height:'200px'},2000,
function(){
            $(".test").animate({left:'0px',width:'100px',height:'100px'},2000);
        });
      });
    });
    </script>
    </head>
    <body>
    <div class="test"></div>
    </body>
    </html>
```

运行结果如下图所示。

13.3.7 鼠标位置获取

获取鼠标位置其实有很多方法，如 mouseenter()、mouseleave()、mousedown()、mouseup()、mousemove()等。下面用 mousemove()举例说明：

```
$(选择器).mousemove(function(e){
e.pageX; //X 坐标值
e.pageY; //Y 坐标值
})
```

注：原点的位置永远位于页面左上角的地方，x 轴的正方向向右，y 轴的正方向向下。

在下面的实例中，获取鼠标的 x 轴坐标和 y 轴坐标。将鼠标的位置信息打印在 div 中。鼠标越往左上角，坐标值越小，但最小是 8，这是因为 body 的内边距是 8，所以 div 的最上角是（8,8），如果要获取距离 div 左上角的距离，则必须减去 div 与上端和左端的距离。

```
示例代码：
<!DOCTYPE html>
<html>
<head>
  <meta charset="UTF-8">
  <title>鼠标位置获取</title>
```

```
    <style type="text/css">
      #div1{
          width:500px;
          height:300px;
          font-size:35px;
          border:5px solid orange;
      }
    </style>
  <script type="text/JavaScript" src="./js/jquery-3.4.1.js"></script>
  <script type="text/JavaScript">
      var x=0;
      var y=0;
      $(function(){
          $('#div1').mousemove(function(e){
              x=e.pageX;
              y=e.pageY;
              $("#div1").html("X:"+x+"--Y:"+y);
          })
      })
  </script>
  </head>
  <body>
  <div id="div1"></div>
  </body>
  </html>
```

运行结果如下图所示。

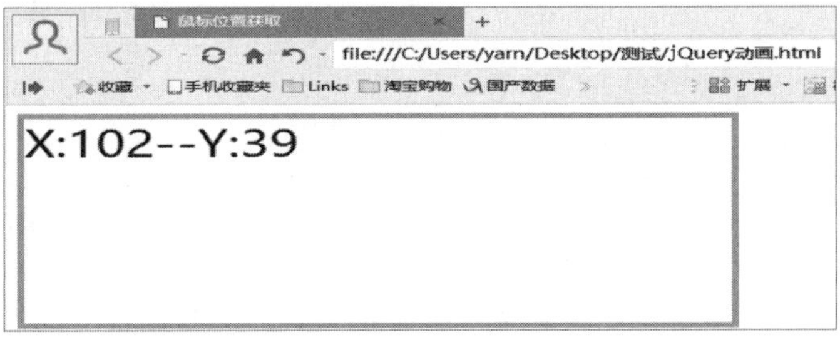

13.3.8 两级联动

两级联动是两个下拉框，当第一个下拉框中的值发生变化时，第二个下拉框中的内容随之变化，如省市的两级下拉框，当选择第一个下拉框是河北时，第二个下拉框是河北下面的市区（如张家口市、保定市、石家庄市等），当改变第一个下拉框选择山东时，第二个下拉框就会变成山东下面的市区（如烟台市、济南市、青岛市等）。

在下面的实例中，为第一个下拉框加上 onchange()事件，接下来 onchange()事件触发一个 JS 函数，JS 函数得到选中下拉框的值从而动态地改变第二个下拉框的 option 相应的节点。根据第一个获得 value 值匹配添加哪些 option 节点，当然在添加节点之前需要去除第二个下拉框之前的 option 节点，这里用到了 empty()。

示例代码：

```
<!DOCTYPE html>
<html>
<head>
  <meta charset="UTF-8">
  <title>两级联动</title>
 <script type="text/JavaScript" src="./js/jquery-3.4.1.js"></script>
<script type="text/JavaScript">
    function showCity(){
        //获取第一个下拉框选中的值
        var v=$("[name='province']").val();
        //根据值的不同为第二个下拉框产生字标签 option
        var ob=$("[name='city']");
        switch(v){
            case '1':
                ob.empty();
                ob.append("<option value='11'>石家庄市</option>");
                ob.append("<option value='12'>保定市</option>");
                ob.append("<option value='13'>张家口市</option>");
                break;
            case '2':
                ob.empty();
                ob.append("<option value='21'>烟台市</option>");
                ob.append("<option value='22'>济南市</option>");
                ob.append("<option value='23'>青岛市</option>");
                break;
        }
    }
    $(function(){
        showCity()
    })
</script>
</head>
<body>
    <select name="province" onchange="showCity()">
        <option value="1">河北</option>
        <option value="2">山东</option>
    </select>
    <select name="city">
    </select>
</body>
</html>
```

运行结果如下图所示。

13.4 jQuery 弹窗案例

13.4.1 弹窗移动分析

在遮罩层的例子中会出现弹框，但是弹框的位置是固定不变的，如何通过鼠标单击移动弹框的位置？下面对弹框的移动进行分析，如下图模拟的窗口和弹框移动的样式图，外边框为窗口的大小，里面的小方框为遮罩层弹框的位置，鼠标只有单击蓝色背景的地方才能拖动弹框，鼠标单击按下的位置橘色点在坐标（x0,y0）的位置，然后拖动移动到（Xn,Yn）的位置，在 x 轴上移动了 x1 的距离，在 y 轴上移动了 y1 的距离。弹框需要跟随鼠标移动，则弹框也需要在 x 轴上移动 x1 的距离，同时在 y 轴上移动 y1 的距离才能达到拖曳弹框的效果，当鼠标按下获取弹框左上角黑点坐标（left0,top0）的位置，然后移动 x1 和 y1 距离。当然，在这个里面只有鼠标按下点在蓝色背景区域才能移动弹框，所以需要设置一个标志位 start，当鼠标按下时 start=true，当鼠标抬起时 start=false，只有 start=true 时窗口才可以跟着鼠标移动。

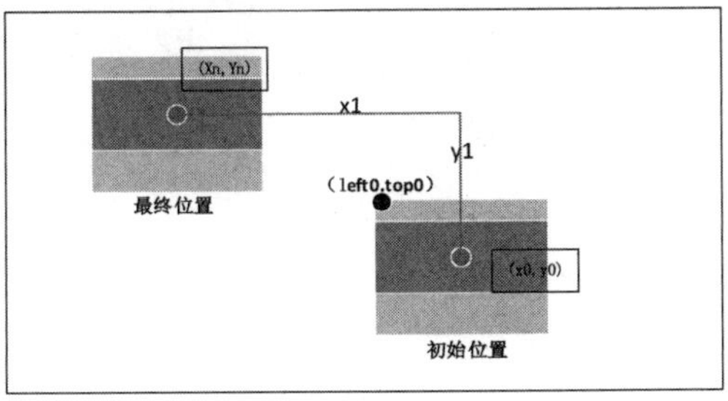

13.4.2 弹窗移动实现

弹框移动实现可划分为以下几个步骤。

（1）为上面样式中蓝色背景区域动态追加事件，如 mousedown()、mouseup()、mousemove()，在本实例中就是<h1>标签。

（2）在 mousedown()事件中，既要获取鼠标的位置 x0、y0、start=true，也要获取 div 的 left0 和 top0 的值。

（3）在 mouseup()事件中，关闭移动效果。

（4）在 mousemove()事件中，首先判断 start，当为 true 时，鼠标才能拖着窗口移动，在 start=true 的前提下，获取移动后当前鼠标的位置 Xn、Yn，用 x0−Xn、y0−Yn 获取在 x 轴和 y 轴移动的距离，最后使弹框的 left 和 top 属性发生与鼠标移动同样的距离。

```
示例代码:
<!DOCTYPE html>
<html>
<head>
  <meta charset="UTF-8">
  <title>弹框移动实现</title>
  <style type="text/css">
    .big-link { display:block; margin-top: 100px;  font-size: 70px; color:
#06f; }
    .mask {
        position: absolute; top: 0px; background-color: #777;
        left: 0px;opacity:0.5;
    }
    .reveal-modal {
        display: none;
        top: 100px;
        left: 50%;
        margin-left: -300px;
        width: 520px;
        background: #eee;
        position: absolute;
        z-index: 101;
        padding: 30px 40px 34px;
        -moz-border-radius: 5px;
        -webkit-border-radius: 5px;
        border-radius: 5px;
        -moz-box-shadow: 0 0 10px rgba(0,0,0,.4);
        -webkit-box-shadow: 0 0 10px rgba(0,0,0,.4);
        -box-shadow: 0 0 10px rgba(0,0,0,.4);
        }
    #myModal h1{
    background:red;
    }
     a{text-decoration:none;}
  </style>
 <script type="text/JavaScript" src="./js/jquery-3.4.1.js"></script>
 <script type="text/JavaScript">
        function s(){
            $("#mask").css("height",$(document).height());
            $("#mask").css("width",$(document).width());
            $("#mask").show()
            $("#myModal").show();
        }
        function h(){
            $("#mask").css("height",$(document).height());
            $("#mask").css("width",$(document).width());
            $("#mask").hide()
```

```
            $("#myModal").hide();
        }
        var x0,y0,left0,top0,Xn,Yn,x1,y1;
        var start=false;
        $(function(){
        //为 h1 动态追加事件，mousedown mouseup mousemove
            $("#myModal>h1").mousedown(function(e){
                //获取鼠标的位置 x0 和 y0，start=true，也要获取 div 的 left0 和
top0 值
                x0=e.pageX;
                y0=e.pageY;
                left0=parseInt($("#myModal").css('left'));
                top0=parseInt($("#myModal").css('top'));
                start=true;
                //alert(x0+"=="+y0+"=="+left0+"=="+top0);

            })
            $("#myModal>h1").mouseup(function(){
                //关闭移动 start=false
                start=false;
                //alert(start);
            })
            $(document).mousemove(function(e){
                //前提：start=true 鼠标移动，窗口也移动
                if(start){
                    //获取当前鼠标的位置 Xn 和 Yn,
                    Xn=e.pageX;
                    Yn=e.pageY;
                //用 x0-Xn 和 y0-Yn 获取 x 轴与 y 轴移动的距离
                x1=x0-Xn;
                y1=y0-Yn;
                //alert(x1+"=="+y1);
                //让 myModal 的 left 和 top 同样变化
                $("#myModal").css('left',left0-x1+'px');
                $("#myModal").css('top',top0-y1+'px');
                }
            })
        })
    </script>
    <body>
        <a href="#" class="big-link"  onclick="s()"><h3>登录</h3></a>
            <div id="mask" class="mask"></div>
            <div id="myModal" class="reveal-modal">
                <h1><span>登录<span><a href="JavaScript:h()">X</a></h1>
                <p>你好，欢迎输入个人信息</p>
            </div>
    </body>
    </html>
```

运行结果如下图所示。

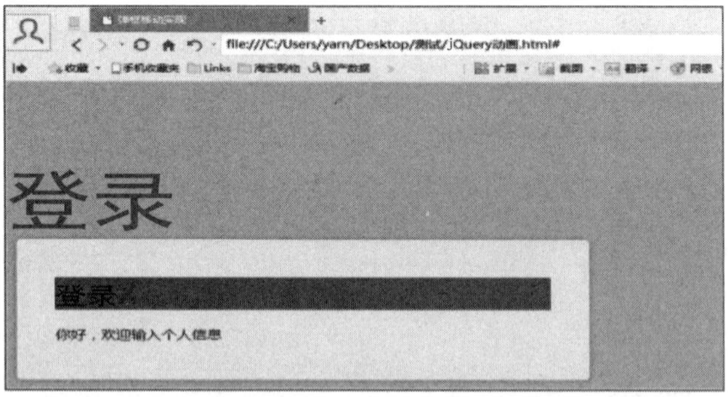

13.5 图片左右滚动案例

如下图所示，中间有 3 张图片，当单击右侧箭头时，图片向右滑动一张，当单击左侧箭头时，图片向左移动一张，图片的左右滚动就是这个效果。

13.5.1 图片左右滚动分析

图片左右滚动的原理是两个 div 嵌套：div1，指定大小，超出部分隐藏；内层 div2，宽度能够放下 5 张图片，jQuery 语句可以使 div2 左右移动。

图片左右滚动效果的具体实现可分为以下几个步骤。

（1）需要在左右箭头上绑定事件，单击哪一侧的箭头，图片向哪一侧滚动一张。它的实现方法是单击箭头，使用 animate 方法使里面的 div 向该箭头方向移动一张图片的宽度 W。往右侧滑动需要左侧 endLeft=left+W，往左侧滑动需要左侧 endLeft=left–W，默认左侧为 0。

（2）因为是 5 张图片，中间显示的是 3 张图片，左侧默认是 0，刚开始时是不能向右侧移动的，所以需要对移动之后的 endLeft 进行判断。当向右侧滑动时，最终左侧的距离小于或等于 0（endLeft<=0）时才能向右侧移动图片；当向左侧滑动时，是减少一张图片的宽度，当最后移动左侧的距离大于或等于两张图片的宽度（endLeft>= –2W）时才能移动，因为左侧最小是–2W。

（3）单击箭头中的 div 移动时不能再单击箭头，此时在里面 div 进行移动时需要解除绑定事件，当移动之后再通过回调函数为箭头绑定事件。

13.5.2 图片左右滚动实现

在下面的实例中实现图片的左右滚动。首先，准备 5 张图片，在与 js 文件夹相同的位置建立 images 文件夹，将 5 张图片分别命名为 1.jpg、2.jpg、3.jpg、4.jpg、5.jpg，并放在 images 文件夹中。其次，编写一个左右滚动的静态页面，左侧是左箭头 div，右侧是右箭头 div，中间是外面是超出部分固定大小隐藏的 div，隐藏 div 的里面是内层 div，可以容纳 5 张图片的 div，每张图片的宽设置为 200px，然后根据上面的分析绑定事件。当单击左侧箭头时，图片向左滚动一张，单击右侧箭头时，图片向右滚动一张，当到 5 张图片的左右边界时，就不能滚动。

```
示例代码:
<!DOCTYPE html>
<html>
<head>
  <meta charset="UTF-8">
  <title>图片无缝滚动</title>
  <style type="text/css">
  .content{margin:50px;width:660px;border:5px solid pink;overflow:hidden;}
    .left{background:#fff000;width:30px;float:left;height:150px;line-height:
150px;font-size:30px;}
    .right{background:#fff000;width:30px;float:right;height:150px;line-
height: 150px;font-size:30px;}
    #imgContent{float:left;overflow:hidden;width:600px;height:150px;position:
relative;}
    #showImages{width:1000px;position:absolute;left:0px;top:0px;}
    #showImages img{width:200px;height:150px;display:block;float:left;}
  </style>
 <script type="text/JavaScript" src="./js/jquery-3.4.1.js"></script>
<script type="text/JavaScript">
    //首先需要在箭头上绑定事件，然后用 animate 方法实现隐藏 div 中的 div 移动的效果
    $(function(){
       bindEvent();
    })
    function bindEvent(){
       $(".left").bind('click',funLeft);
       $(".right").bind('click',funRight);
    }
    function unbindEvent(){
       $(".left").unbind('click',funLeft);
       $(".right").unbind('click',funRight);
    }
    function funLeft(){
       var L=parseInt($("#showImages").css('left'));
       var endL=L-200;
       if(endL<=0 && endL>=-400){
          endL=endL+'px';
```

```
            unbindEvent();
            $("#showImages").animate({left:endL},1000,bindEvent);
        }
    }
    function funRight(){
        var L=parseInt($("#showImages").css('left'));
        var endL=L+200;
        if(endL<=0){
            endL=endL+'px';
            unbindEvent();
            $("#showImages").animate({left:endL},1000,bindEvent);
        }
    }
</script>
</head>
<body>
    <div class="content">
        <div class="left">&lt;&lt</div>
        <div id="imgContent">
            <div id="showImages">
                <img src="./images/1.jpg"/>
                <img src="./images/2.jpg"/>
                <img src="./images/3.jpg"/>
                <img src="./images/4.jpg"/>
                <img src="./images/5.jpg"/>
            </div>
        </div>
        <div class="right">&gt;&gt</div>
    </div>
</body>
</html>
```

运行结果如下图所示。

上面的例子基本实现了图片左右滑动的效果，但还可以进行进一步优化。例如，当图片在最左侧时图片不能向左侧移动的情况下，左侧的箭头变成灰色，右侧的箭头依然是红色；当图片在最右侧时图片不能向右侧移动的情况下，右侧的箭头变成灰色，左侧的箭头依然是红色；当图片在中间，既可以向左侧滑动又可以向右侧滑动时，两侧的箭头都为红色。在上面的代码中需要加上以下代码就可以实现上述效果。

```
示例代码:
function bindEvent(){
    $(".left").bind('click',funLeft);
    $(".right").bind('click',funRight);
    var L=parseInt($("#showImages").css('left'));
    if(L<=-400){
        $(".left").css('color','#ccc');
        $(".right").css('color','red');
    }
    if(L>=0){
        $(".right").css('color','#ccc');
        $(".left").css('color','red');
    }
    if(L>-400&&L<0){
        $(".left").css('color','red');
        $(".right").css('color','red');
    }
}
```

运行结果如下图所示。

13.6 图片放大效果案例

图片的放大效果在网站开发中经常用到，其相当于放大镜的效果。在平时网购时，单击商品，左侧会展示一张商品的图片，当鼠标移动到图片上时就会在右侧展示局部放大的效果，如下图所示。

13.6.1 图片放大效果分析

先对图片放大的效果进行分析，当鼠标移动到左侧图片区域时会出现遮罩层，当鼠标移动时遮罩层会跟着移动，当鼠标移除图片区域时遮罩层消失。在图片放大的右侧区域其实是一个容器里面放的更大的图片，当鼠标移动时右侧的大图片也跟着移动，当鼠标移除时右侧存放大图片的容器隐藏。通过分析可知，鼠标的移动尺寸决定了遮罩层小方块的移动位置及大图片的位置。

遮罩层小方块的位置确定：设遮罩层小方块宽为MASK_WIDTH、高为MASK_HEIGHT，小图片的宽为 MEDIUM_WIDTH、高为 MEDIUM_HEIGHT，鼠标的位置为 mouseLeft, mouseTop，鼠标的位置可以通过函数得到，鼠标移动需要通过 css()样式改变小方块的位置，它的 left=mouseLeft-MASK_WIDTH/2，top=mouseTop-MASK_HEIGHT/2。小方块的 left 范围是（0 到 MEDIUM_WIDTH-MASK _WIDTH）；小方块的高范围是（0 到 MEDIUM_HEIGHT-MASK_HEIGHT）。

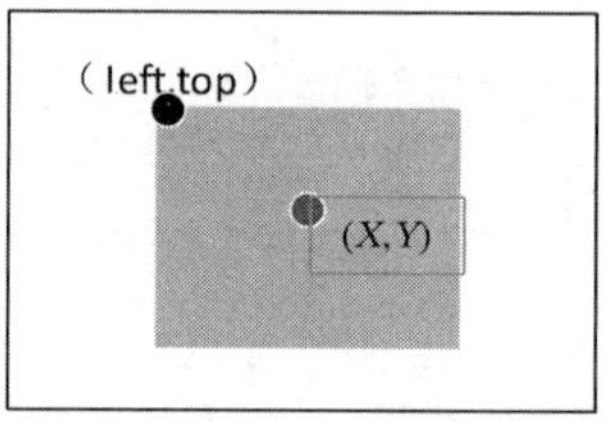

右侧大图片的位置确定：设右侧大图片宽为 largeWidth、高为 largeHeight，大图的位置 left=largeWidth*maskLeft/MEDIUM_WIDTH，top=largeHeight* maskTop/MEDIUM_HEIGHT。

鼠标进入左边图片区域需要绑定 hover 方法，右边的大图片加载完成，这就需要为大图片绑定 load 事件，当鼠标移动时就需要绑定 mousemove()。

13.6.2 图片放大效果实现

在与 js 文件夹并列的 images 文件夹中存放 product-m.jpg 和 product-l.jpgl 两张图片，一张是大的图片，一张是小的图片。

在下面的实例中，当鼠标移动到左侧图片上时，有浅黄色遮罩层出现，并在右边显示局部放大的商品效果，鼠标移动的方法里面需要实现遮罩层小黄框的移动和右侧大图片的移动，当鼠标移除左侧图片时，遮罩层和右侧大图片都隐藏。

```
HTML 代码如下：
<body>
    <div id="preview">
      <p id="medimImgContainer">
        <img id="mediumImg" src="./images/product-m.jpg"/>
        <span id="mask"></span><!--小黄块-->
        <span id="maskTop"></span><!--悬于图片完全透明的层-->
        <span id="largeImgContainer">
               <img id="largeImg"/>
        </span>
      </p>
```

```
    </div>
<script src="js/jquery-1.10.1.js" type="text/JavaScript"></script>
<script src="js/jd.js" type="text/JavaScript"></script>
</body>
CSS 代码如下:
#medimImgContainer #mask{
    display: block;
    position: absolute;
    left: 0;
    top: 0;
    width: 175px;
    height: 175px;
    background: #ffa;
    opacity: 0.7;
    display: none;
}
//悬于图片 mask 上方的专用于接收鼠标移动事件的一个完全透明的层
#medimImgContainer #maskTop{
    display: block;
    position: absolute;
    width: 100%;
    height: 100%;
    top: 0;
    left: 0;
    cursor: move;
    opacity: 0;
}
/**
产品大图显示区域
**/
#medimImgContainer #largeImgContainer{
    position:absolute;
    width: 350px;
    height: 350px;
    top: -1px;
    left: 352px;
    background: #fff;
    z-index: 500;
    overflow: hidden;
    border: 1px solid #ddd;
    display: none;
}
#medimImgContainer #largeImgContainer img{
    width: auto;
    height: auto;
}
#largeImg{
```

```
    display: none;
    position: absolute;
}
jQuery 代码如下：
$(function () {
  //当鼠标在实物图上移动时，显示对应大图的附近部分区域
  function showBig() {
    var $mask = $('#mask')                              //小黄块
    var $maskTop = $('#maskTop')                        //透明层
    var $largeImgContainer = $('#largeImgContainer')  //大图的容器
    var $loading = $('#loading')                        //加载过程图
    var $largeImg = $('#largeImg')                      //大图的标签
    var $mediumImg = $('#mediumImg')                    //中图标签
    var MASK_WIDTH = $mask.width()                      //黄块的尺寸
    var MASK_HEIGHT = $mask.height()                    //黄块的尺寸
    var MEDIUM_WIDTH = $mediumImg.width()               //图片的尺寸
    var MEDIUM_HEIGHT = $mediumImg.height()
    $maskTop.hover(function () {                        //鼠标进入
      //显示
      $mask.show()
      $largeImgContainer.show()
      //动态加载对应的大图片
      var srcM = $mediumImg.attr('src')
      var srcL = srcM.replace('m.jpg', 'l.jpg')
      $largeImg.attr('src', srcL)
      //图片加载好后做一些处理
      //绑定加载监听事件
      $largeImg.on('load', function () {                //大图加载完成
        //容器大小由图片大小决定
        var largeWidth = $largeImg.width()
        var largeHeight = $largeImg.height()

        //设置容器
        $largeImgContainer.width(largeWidth / 2)
        $largeImgContainer.height(largeHeight / 2)
        $largeImg.show()                                //显示
        //监听鼠标移动事件
        $maskTop.mousemove(function (event) {
          //关于鼠标元素位置
          var mouseLeft = event.offsetX
          var mouseTop = event.offsetY

          //小黄块运动
          var maskLeft = mouseLeft - MASK_WIDTH / 2;
          var maskTop = mouseTop - MASK_HEIGHT / 2;

          //横向范围
```

```
        if (maskLeft < 0) {
          maskLeft = 0
        }
        if (maskLeft > MEDIUM_WIDTH -MASK_WIDTH) {
          maskLeft = MEDIUM_WIDTH -MASK_WIDTH
        }

        //纵向范围
        if (maskTop < 0) {
          maskTop = 0
        }
        if (maskTop > MEDIUM_HEIGHT -MASK_HEIGHT) {
          maskTop = MEDIUM_HEIGHT-MASK_HEIGHT
        }

        //重新绘制小黄块的位置，给 mask 重新定位
        $mask.css({
          top: maskTop,
          left: maskLeft
        })

        //计算大图的位置
        var largImgLeft = largeWidth * maskLeft / MEDIUM_WIDTH
        var largImgTop = largeHeight * maskTop / MEDIUM_HEIGHT

        //大图的移动位置
        $largeImg.css({
          left: -largImgLeft,
          top: -largImgTop
        })
      })
    })
  }, function () {
    //隐藏
    $mask.hide()
    $largeImgContainer.hide()
  })
 }
 Show Big
})
```

运行结果如下图所示。

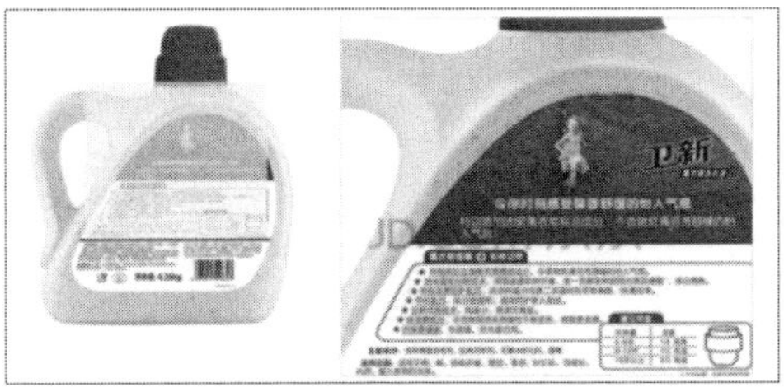

13.7 本章小结

本章主要介绍 jQuery 的效果，同时详细介绍 jQuery 的标签操作及 jQuery 的动画，然后根据所掌握的知识，分析并实现弹窗案例、图片左右滚动案例及图片放大效果案例，这些内容的介绍方便在前台开发中应用于实际的网站开发。

章节练习

1．在 jQuery 中，如果想要获取当前窗口的宽度值，（　　）可以实现该功能。

A．width()　　B．width(val)　　C．outerWidth()　　D．innerWidth()

2．在 jQuery 中，既可绑定两个或者多个事件处理器函数，以响应被选元素的轮流的 click 事件，又可以切换元素可见状态的方法是（　　）。

A．hide()　　B．toggle()　　C．hover()　　D．slideUp()

3．如何隐藏下面的元素？（　　）

```
<input id="id_txt"  name="txt"  type="text"  value=""/>
```

A．$("id_txt").hide();　　B．$(#id_txt).remove();

C．$("#id_txt").hide();　　D．$("#id_txt").remove();

第 14 章 jQuery AJAX

学习任务

【任务 1】 了解 AJAX 工作原理、原生写法及跨域的解决方式；

【任务 2】 掌握 jQuery 中 AJAX 的多种语法形式，以及 JSON 和 XML 的数据格式。

学习路线

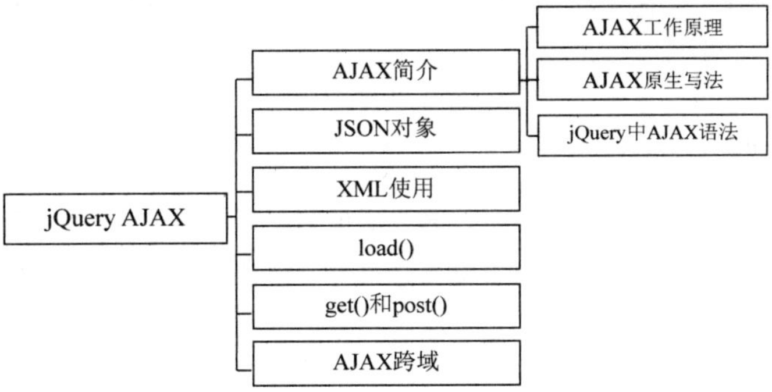

14.1 AJAX 简介

AJAX 的全称是 Asynchronous JavaScript and XML，翻译为异步 JavaScript 和 XML。它并不是一种单一的技术，而是有机地利用了一系列交互式网页应用相关技术形成的结合体。它也可称为网页的异步通信，JS 或者 jQuery 可以直接发送 HTTP 请求到服务器，通过在后台与服务器进行少量数据交换，AJAX 可以使网页实现异步更新。这意味着可以在不重新加载整个网页的情况下，对网页的某部分进行更新，好处是节省带宽，加载内容较少，性能较高。

14.1.1 AJAX 工作原理

AJAX =异步 JavaScript 和 XML，简单来说，在不重载整个网页的情况下，AJAX 通过后台加载数据，并在网页上进行显示。AJAX 的工作原理如下图所示。

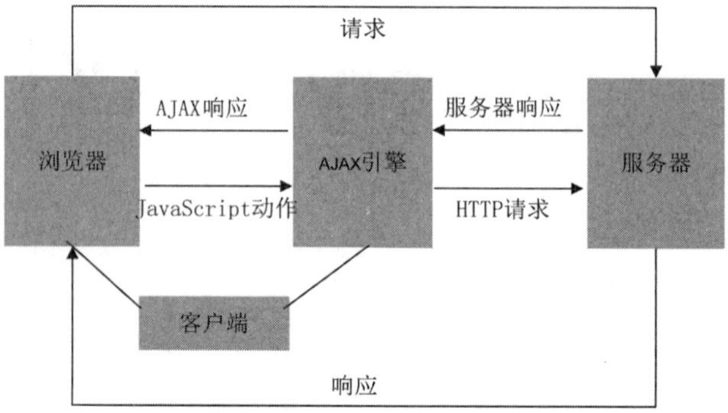

通过 AJAX 的工作原理可以发现，在浏览器中输入 URL 地址请求服务器时，通过 AJAX 将 IITTP 请求发送服务器，服务的响应结果也是先返回 AJAX，AJAX 处理之后再返回浏览器显示在页面。如果没有 AJAX，就在图中表示为上下连接线，浏览器直接为服务器发送 HTTP 请求，服务器对请求进行处理后，将响应结果直接返回浏览器展示出来。

AJAX 的作用就是可以通过 JS 或者 jQuery 实现 HTTP 请求的发送，HTTP 请求包括 URL 地址、数据、数据的传值方式。使用 AJAX 应用程序的案例包括 Google 地图、腾讯微博、优酷视频、人人网等。

14.1.2 AJAX 原生写法

AJAX 的核心是 XMLHttpRequest 对象，它是 AJAX 实现的关键，发送异步请求、接收响应及执行回调都是通过它完成的。下面是 AJAX 的原生写法：

```
第一步：
xhr = new XMLHttpRequest();
第二步
xhr.open("post","test.php");
第三步：
xhr.setRequestHeader("Content-type","application/x-www-form-urlencoded");
第四步：
xhr.send("a=1&b=10");                    //get 请求报文体写法
第五步：
xhr.onreadystatechange=function(){
    if(xhr.status==200 && xhr.readyState==4){
        var result=xhr.responseText;    //获取结果
            alert(result);
}
}
```

上面是原生的 JS 实现的 AJAX 传递，AJAX 提供一个内置对象 XMLHttpRequest，能够指定传值的地址、传递数据及传递数据的方式。

open()：初始化 XMLHttpRequest 对象，指定 HTTP 请求的方法和要使用的服务器的 URL。需要注意的是，第三步不是必需的，HTTP 请求的方式是 post 时需要加上第三步，如果请求的方式是 get，则不需要加第三步。

send()：发送该请求，指定发送的数据，如果是 HTTP 请求的方式是 get，可以不指定参数或者只用 null 参数。

当请求状态改变时，XMLHttpRequest 对象调用 onreadystatechange 属性注册的事件处理器。因此，在处理该响应之前，事件处理器应该首先检查 readyState 的值和 HTTP 状态。当请求完成加载（readyState 值为 4）并且响应已经成功（HTTP 状态值为 200）时，就可以调用一个 JavaScript 函数处理该响应内容，responseText 属性是接收返回的结果。

14.1.3 jQuery 中 AJAX 语法

jQuery 提供多个与 AJAX 有关的方法。通过 jQuery AJAX 方法，能够使用 HTTP get 和 HTTP post 从远程服务器上请求文本、HTML、XML 或者 JSON，同时能够将这些外部数据直接载入网页的被选元素中。jQuery 提供以下 AJAX 的写法：

```
    $.ajax({
        url:'',
        type:'post|get',
        data:'数据',
        dataType:'text|json|xml|script',
        success:function(re){
            //服务器回传数据处理
        }
})
```

14.2 JSON 对象

JSON 既是存储数据的对象，也是存储和交换文本信息的对象。JSON 可以理解为有格式的字符串，它可以存放数据，与关联下标的数组类似。JSON 以键值的形式存放，它的格式主要有以下两种格式，第二种与二维数组类似，当然也可以两者结合。JSON 存放数据更方便，通过一个 JSON 可以存放一个事物的所有属性，如可以存放一个学生的所有属性（姓名、年龄、性别、身高等）。

第一种：

{name:'小张',age:19}

第二种：

[{name:'小张 1',age:19}, {name:'小张 2',age:20}, {name:'小张 3',age:19}]

第一和第二种结合：

{list:[{name:'小张 1',age:19}, {name:'小张 2',age:20}]}

JSON 可以存放数据，而且形式简单，可以通过 jQuery 的方式得到 JSON 里面的数据。在下面的实例中，定义了两个 JSON 对象，通过 document.write()可以分别获得 JSON 串中键对应的值；还可以通过 jQuery 遍历 JSON 串中的数据，使其添加到表格中。

```
示例代码:
<!DOCTYPE html>
<html>
<head>
  <meta charset="UTF-8">
  <title>JSON 对象</title>
  <script type="text/JavaScript" src="./js/jquery-3.4.1.js"></script>
<script type="text/JavaScript">
    var studentOne={name:'小张',age:18};
    var students=[{name:'小张 1',age:11},{name:'小张 2',age:22},{name:'小张
3',age:33}];
    //这种一般是遍历，通过遍历使用表格呈现
    $(function(){
        var n;
        var a;
        for(var k in students){
            n=students[k].name;
            a=students[k].age;
            $("#s").append("<tr><td>"+n+"</td><td>"+a+"</td></tr>");
        }
    })
</script>
</head>
<body>
   <h1>JSON:</h1>
  studentOne 的名称:
<script type="text/JavaScript">document.write(studentOne.name)</script>
<br/>
  students 第一个的名称:
<script type="text/JavaScript">document.write(students[0].name)</script>
  <table id="s">
    <tr>
        <th>name</th>
        <th>age</th>
    </tr>
  </table>
</body>
</html>
```

运行结果如下图所示。

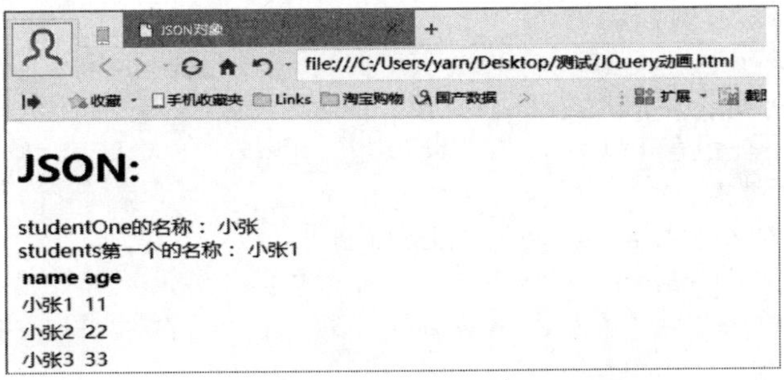

14.3 XML 使用

由于服务器返回数据格式也可以是 XML 文档，因此需要对返回数据进行处理，处理 XML 文档与处理 HTML 文档一样，也可以使用常规的 find()、attr()及其他方法。

XML 为可扩展性标记语言，也是存放数据的。HTML 为超文本标记语言，是不能扩展的。可扩展是标记，可以自己定义，用标记存放数据。XML 的格式中都有标记头和一个顶级标记<list>，格式和 HTML 类似。因为 XML 能够表示数据之间的包含关系，所以下面可以用 XML 表示省市，存放省就定义 province 标签；存放市就定义 city 标签；通过属性可以将省和市的信息存放进去，如省和市的名称。下面就是有关省市的 XML 格式：

```
<?xml version="1.0" encoding="utf-8"?>
<list>
    <province id='1' name='河北'>
        <city id='11' name='石家庄'>
        <city id='12' name='承德'>
    </province>
    <province id='2' name='山东'>
        <city id='21' name='济南'>
        <city id='22' name='青岛'>
    </province>
</list>
```

XML 文件的后缀名是.xml，这种文件可以通过浏览器直接运行。如果浏览器可以解析成功，则说明 XML 中没有语法错误；如果浏览器解析不成功，则说明 XML 中存在语法错误。因此，可以用浏览器测试 XML 书写是否正确。

下面的实例可以实现两级联动的效果，之前是直接通过 HTML 标签追加的，数据是固定的，但这里获取 XML 中定义的省和市的信息。需要先定义一个省市的 XML 文件存放省市的信息，命名为 123.xml；然后通过 jQuery 实现两级联动的效果。

```
示例代码：
<!DOCTYPE html>
<html>
```

```
  <head>
    <meta charset="UTF-8">
    <title>两级联动</title>
    <script type="text/JavaScript" src="./js/jquery-3.4.1.js"></script>
  <script type="text/JavaScript">
      function  getCity(){
          //知道选择哪个省
          var pid =$("[name='province']").val();
          var cityId,cityName;
          $.ajax({
              url:'123.xml',
              dataType:'xml',
              success:function(re){
                  $("[name='city']").empty();
                  $(re).find("[id="+pid+"] city").each(function(){
                      cityId=$(this).attr('id');
                      cityName=$(this).attr('name');
                      $("[name='city']").append("<option  value='"+cityId+"'>"+
cityName+"</ option>")
                  })
              }
          })

      }
      $(function(){
          var id,name;
          $.ajax({
              url:'123.xml',
              dataType:'xml',
              success:function(re){
                  alert("你好 1111");
                  alert(re);
                  $(re).find('province').each(function(){
                      id=$(this).attr('id');
                      name=$(this).attr('name');
                      $("[name='province']").append("<option  value='"+id+"'>"+
name+"</ option>")
                      alert(this);
                  })
                  //调用
                  getCity();
              }
          })

          //为省追加事件
          $("[name='province']").change(getCity);
      })
  </script>
```

```
</head>
<body>
    省: <select name="province"></select>
    市: <select name="city"></select>
</body>
</html>
```

运行结果如下图所示。

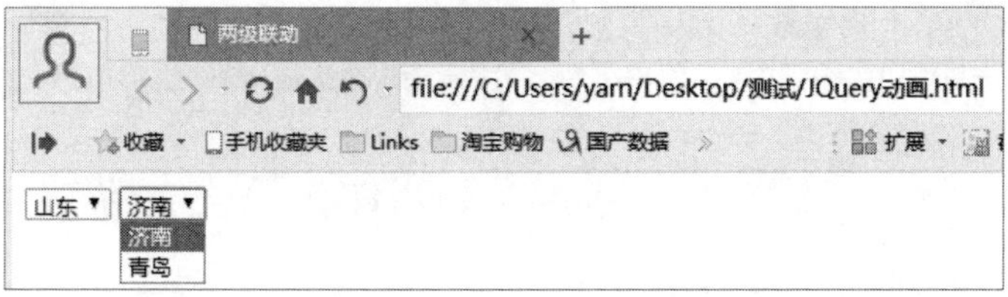

14.4 load()

jQuery 对 AJAX 操作进行了封装，在 jQuery 中的$.ajax()属于最底层的方法，它的上面是 load()、$.get()和$.post()。下面介绍 load()。

jQuery 中 load()是简单但强大的 AJAX，能从服务器加载数据，并把返回的数据放入被选元素中。下面是 load()的语法结构：

$(selector).load(url,data,callback);

其中的参数解释如下。

url：规定希望加载的 URL。

data：规定与请求共同发送的查询字符串键值对集合，是可选的。

callback：load()完成后所执行的函数名称，是可选的。

下面举例介绍 load()的实际用处。因为能载入 HTML 代码到浏览器中显示，所以新建一个 test.txt 的文本文档，里面的内容如下：

```
<h2>jQuery AJAX 是一个非常棒的功能！</h2>
<p id="p1">这是段落的一些文本。</p>
```

在下面的实例中，通过 load()加载.txt 文件中全部内容到浏览器中，当单击“获取文本文档内容”时，就会在 div 的位置显示 test.txt 的内容。

```
示例代码：
<!DOCTYPE html>
<html>
<head>
  <meta charset="UTF-8">
  <title>AJAX-load()</title>
 <script type="text/JavaScript" src="./js/jquery-3.4.1.js"></script>
<script type="text/JavaScript">
```

```
$(document).ready(function(){
    $("button").click(function(){
        $("#div1").load("./images/test.txt");
    });
});
</script>
</head>
<body>
<div id="div1"><h2>将要显示的内容</h2></div>
<button>获取文本文档内容</button>
</body>
</html>
```

运行结果如下图所示。

在上面的示例中，可以对文档中 HTML 元素的内容进行筛选显示，如果只想显示<p>标签的内容，则代码如下：

$("#div1").load("./images/test.txt #p1");

callback 参数规定 load()完成后所要允许的回调函数，它是可选的。回调函数可以设置不同的参数，具体如下。

responseTxt，包含调用成功时的结果内容。

statusTXT，包含调用的状态。

Xhr，包含 XMLHttpRequest 对象。

在下面的实例中，在 load()完成后显示一个提示框。如果 load()已成功，则显示“外部内容加载成功！”，然后将 div 中的内容加载为 test.txt 的内容；如果失败，则显示错误消息。

```
示例代码：
<!DOCTYPE html>
<html>
<head>
  <meta charset="UTF-8">
  <title>AJAX-load()</title>
 <script type="text/JavaScript" src="./js/jquery-3.4.1.js"></script>
<script type="text/JavaScript">
$(document).ready(function(){
    $("button").click(function(){
        $("#div1").load("./images/test.txt",function(responseTxt,statusTxt,
xhr){
```

```
            if(statusTxt=="success")
                alert("外部内容加载成功!");
            if(statusTxt=="error")
                alert("Error: "+xhr.status+": "+xhr.statusText);
        });
    });
});
</script>
</head>
<body>
<div id="div1"><h2>将要显示的内容</h2></div>
<button>获取文本文档内容</button>
</body>
</html>
```

运行结果如下图所示。

14.5 get()和 post()

jQuery 中 get()和 post()用于通过 HTTP get 或者 post 请求从服务器请求数据。get 从指定的资源请求数据，post 从指定的资源提交要处理的数据。jQuery 中 AJAX 其他写法如下：

$.get(url,data,callback,dataType)

$.post(url,data,callback,dataType)

其参数解释如下表所示。

参数名称	描述
url	请求的 URL 地址
data(可选)	发送到服务器的键值类型的数据
callback(可选)	载入成功的回调函数（只有当状态是 success 时才调用方法，里面含有三个参数：responseTxt，包含调用成功时的结果内容；statusTXT，包含调用的状态；xhr，包含 XMLHttpRequest 对象）
dataType(可选)	服务器返回内容的格式，包括 XML、HTML、JSON

下面的实例演示了$.get()，新建 test.php 文件，文件里面输出一句话，这相当于服务器的数据，现在用$.get()访问这个服务器，回调函数中包含被请求页面的内容和请求的状态，用弹框将其显示出来。

```
test.php 文件内容如下:
<?php
echo '这是一个从 PHP 文件中读取的数据。';
?>
示例代码:
<!DOCTYPE html>
<html>
<head>
  <meta charset="UTF-8">
  <title>AJAX-$.get()</title>
 <script type="text/JavaScript" src="./js/jquery-3.4.1.js"></script>
<script type="text/JavaScript">
$(document).ready(function(){
    $("button").click(function(){
        $.get("./images/test.php",function(data,status){
            alert("返回数据: " + data + "\n 请求状态: " + status);
        });
    });
});
</script>
</head>
<body>
<button>发送 get 请求</button>
</body>
</html>
```

运行结果如下图所示。

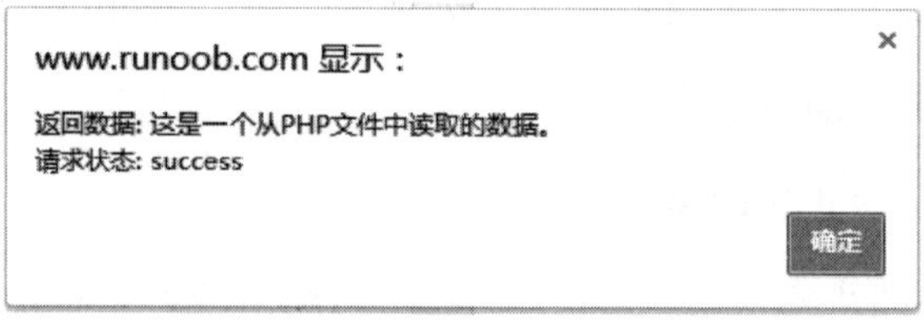

在下面的实例中演示$.post()，其中，第一个参数是希望请求的地址 url(./images/test_post.php)，然后连同请求（name 和 url）一起发送数据，test_post.php 中的 PHP 脚本读取这些参数，并对它们进行处理，之后返回结果。第三个参数是回调函数。第一个回调参数存有被请求页面的内容，而第二个参数存有请求的状态，最后用弹框显示接收到的 name 和 URL。

```
test_post.php 文件内容如下:
<?php
$name = isset($_POST['name']) ? htmlspecialchars($_POST['name']) : '';
$url = isset($_POST['url']) ? htmlspecialchars($_POST['url']) : '';
echo '网站名: ' . $name;
echo "\n";
echo 'URL 地址: ' .$url;
```

```
?>
示例代码:
<!DOCTYPE html>
<html>
<head>
  <meta charset="UTF-8">
  <title>AJAX-$.get()</title>
 <script type="text/JavaScript" src="./js/jquery-3.4.1.js"></script>
<script type="text/JavaScript">
$(document).ready(function(){
    $("button").click(function(){
        $.post("./images/test_post.php",{
            name:"欢迎参加培训学习",
            url:"http://www.百度.com"
        },
        function(data,status){
            alert("返回数据:\n" + data + "\n 状态: " + status);
        });
    });
});
</script>
</head>
<body>
<button>发送 post 请求</button>
</body>
</html>
```

运行结果如下图所示。

14.6 AJAX 跨域

跨域中这个域是指两个域名，跨域是指 A 域名下面有 A 程序，B 域名下面有 B 程序，现在 A 程序要通过 AJAX 访问 B 域名下的 B 程序，这种访问形式浏览器是拒绝的。AJAX 是不能直接请求另外一个域名下的程序的。针对这个问题的解决方法如下：请求的时候回传数据以 JSONP 的形式回传，紧跟一个 jsonpCallback，请求成功后就会调用 fun1，因此需要声明 fun1，里面有一个 data 参数，这个参数的数据就是 B 域名下 B 程序回传的数据，在 fun1 中可以看到 B 程序的数据，通过这种方式就实现了跨域。

```
$.ajax({
    url:"http://www.b.com:8090/b.php?callback=?",
    dataType:"jsonp",
    jsonpCallback:"fun1",
    success:function(data){}
});
function fun1(data){
    alert(data);
}
//服务器端 b.php 代码:
$json=json_encode(array('a'=>1,'b'=>2,'c'=>3));
$funStr = "fun1(",$json.")";
echo $funStr;
```

14.7 本章小结

本章主要介绍 jQuery 中的 AJAX，阐述了 AJAX 的工作原理、原生写法，以及如何解决 AJAX 跨域问题，重点介绍 JSON 和 XML 的数据格式、AJAX 的语法格式，以及相关的重要方法，如 load()、get()、post()。这些知识有利于网站开发中将数据进行前后台的交互使用。

章节练习

1．在 jQuery 中想要实现通过远程 HTTP get 请求载入信息功能的是（　　）。

A．$.ajax()　　B．load(url)　　C．$.get(url)　　D．$.getScript(url)

2．jQuery 的 get()方法做什么？（　　）

A．使用 HTTP get 请求从服务器加载数据

B．返回一个对象

C．返回存在 jQuery 对象中的 DOM 元素

D．触发一个 get AJAX 请求

反侵权盗版声明